AF453873

APPLICATION

DE

L'ALGÈBRE ÉLÉMENTAIRE

AU CALCUL DES PROBABILITÉS,

SUIVIE

D'UNE APPLICATION DE CE CALCUL AUX JEUX DE WHIST
ET DE PIQUET.

Par

M. GAUTHIER D'HAUTESERVE.

DEUXIÈME ÉDITION

Revue et Corrigée.

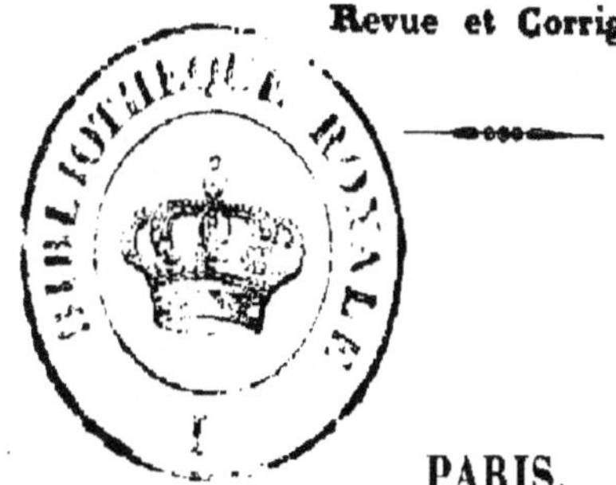

PARIS.

IMPRIMERIE DE C.-H. LAMBERT,
RUE DE LONDRES, 7.

1840.

APPLICATION

DE L'ALGÈBRE ÉLÉMENTAIRE

AU CALCUL DES PROBABILITÉS, ETC.

DÉFINITIONS.

On appelle combinaison une réunion de lettres, lorsqu'on ne considère que leur nombre, sans avoir égard à
leur ordre.

Lorsqu'on prend en considération l'ordre dans lequel
les lettres sont placées, les différents changements dont
cette réunion est susceptible dans l'ordre des lettres qui
la composent, s'appellent permutations.

Le nombre de lettres dont se compose la combinaison
ou la permutation, s'appelle leur exposant.

On distingue deux espèces de combinaisons et de permutations. Dans la première espèce, elles se composent entièrement de lettres différentes; dans la seconde, une même lettre peut se présenter plusieurs fois, et ce nombre de fois peut être égal à l'exposant.

PROBLÈME PREMIER.

Un nombre m *de lettres étant donné dans la première espèce, déterminer le nombre des permutations de l'exposant* n.

Donnons successivement différentes valeurs à l'exposant de la permutation, et faisons d'abord $n=1$; le nombre des permutations de l'exposant 1 est le nombre m des lettres données.

Faisons $n=2$. Dans une permutation de l'exposant 2, la première place étant occupée par une des lettres qui sont au nombre de m, la seconde place serait occupée par une des autres lettres; lesquelles sont au nombre de $m-1$. Ainsi le nombre des permutations de l'exposant 2 aura pour expression $m \times (m-1)$.

Faisons $n=3$. Dans une permutation de l'exposant 3, les deux premières places étant occupées par une des permutations de l'exposant 2, lesquelles sont au nombre de $m \times (m-1)$, la troisième place sera occupée par une des lettres restantes qui sont au nombre de $(m-2)$. Ainsi le nombre des permutations de l'exposant 3 aura pour expression $m \times (m-1) \times (m-2.)$

Par analogie on déterminerait dans les autres valeurs que l'on donnerait à n le nombre des permutations, qui généralement aura pour expression

$$m \times (m-1) \times (m-2) \times (m-3) \ldots \ldots \times m-(n-1)$$

Dans la première espèce de permutations, l'exposant n de la permutation ne peut pas être plus grand que le nombre m des lettres données.

PROBLÈME 2.

Un nombre m *de lettres étant donné, déterminer dans la première espèce le nombre des combinaisons de l'exposant* n.

Chaque combinaison de deux lettres donne deux permutations. Ainsi le nombre des combinaisons de l'exposant 2, est la moitié du nombre des permutations de ce même exposant, et aura (*Probl.* 1er.) pour expression $m \times (m-1) : 1 \times 2$.

Trois lettres donnent six permutations et une seule combinaison. Ainsi le nombre des combinaisons de l'exposant 3 aura pour expression $m \times (m-1) \times (m-2) : 1 \times 2 \times 3$.

Généralement le nombre des combinaisons de l'exposant n aura pour expression

$$\frac{m \times (m-1) \times (m-2) \ldots \ldots \times m-(n-1)}{1 \times 2 \times 3 \ldots \ldots \times n.}$$

PROBLÈME 3.

Dans la seconde espéce, m *étant le nombre de lettres donné, déterminer le nombre des permutations de l'exposant* n.

Le nombre des permutations de l'exposant 1 est m.

Dans la permutation de l'exposant 2, la seconde place pouvant être occupée par la lettre qui occupe la première place, comme par toute autre des lettres données, le nombre des permutations de l'exposant 2 aura pour expression $m \times m$; et généralement le nombre des permutations de l'exposant n a pour expression m^n.

PROBLÈME 4.

Dans la seconde espéce, déterminer le nombre des combinaisons de l'exposant n.

Le nombre des combinaisons de l'exposant 1 est m.

Soit $n=2$ le nombre des combinaisons d'une lettre double est m, de deux lettres différentes est (*Probl.* 2) $m \times (m-1): 1 \times 2$. Ainsi le nombre des combinaisons de l'exposant 2 sera $m + m \times (m-1): 1 \times 2 - (m^2 + m): 1 \times 2 = m \times (m+1): 1 \times 2$.

Soit $n=3$, le nombre des combinaisons d'une lettre triple est m, d'une lettre double avec une des autres lettres données est $m \times (m-1)$, de trois lettres différentes est (*Probl.* 2.), $m \times (m-1) \times (m-2): 1 \times 2 \times 3$. Ainsi le nombre des combinaisons de l'exposant 3 sera $m + m \times$

$(m-1) + m \times (m-1) \times (m-2) : 1 \times 2 \times 3 = (m^3 + 3m^2 + 2m) : 1 \times 2 \times 3$, quantité que l'on trouverait par la division se composer des trois facteurs $m \times (m+1) \times (m+2) : 1 \times 2 \times 3$.

Soit $n = 4$; le nombre de combinaisons d'une lettre quadruple est m; d'une lettre triple, avec une lettre différente, est $m \times (m-1)$, d'une lettre double avec une autre lettre double est $m \times (m-1) : 1 \times 2$; d'une lettre double avec deux autres lettres différentes est $m \times (m-1) \times (m-2) : 1 \times 2$; de quatre lettres différentes est (*Problème 2.*) $m \times (m-1) \times (m-2) \times (m-3) : 1 \times 2 \times 3 \times 4$. Ainsi le nombre des combinaisons de l'exposant 4 sera $m + m \times (m-1) + m \times (m-1) : 1 \times 2 + m \times (m-1) \times (m-2) : 1 \times 2 + m \times (m-1) \times (m-2) \times (m-3) : 1 \times 2 \times 3 \times 4 = m^4 + 6m^3 + 11m^2 + 6m : 1 \times 2 \times 3 \times 4$, quantité que l'on trouvera être le produit des quatre facteurs $m \times (m+1) \times (m+2) \times (m+3) : 1 \times 2 \times 3 \times 4$.

Et par analogie, le nombre des combinaisons de l'exposant n aura pour expression

$$\frac{m \times (m+1) \times (m+2) \ldots \ldots \ldots \times (m+n-1)}{1 \times 2 \times 3 \ldots \ldots \ldots \times n.}$$

PROBLÈME 5.

Une combinaison de seconde espèce étant donnée, déterminer le nombre des permutations dont elle est susceptible.

Prenons pour exemple la combinaison $aaabcde$. En

laissant les lettres b,c,d,e aux dernières places et dans le même ordre, si l'on avait trois lettres différentes au lieu de la lettre triple, on pourrait les permuter de six manières, et obtenir six permutations, où les lettres b,c,d,e, occuperaient les dernières places dans le même ordre. Or ces six permutations se réduisent à une seule; et il en serait de même de toutes les combinaisons dans lesquelles les lettres b,c,d,e seraient disposées dans un autre ordre ou occuperaient d'autres places. Ainsi dans cet exemple le nombre des permutations est six fois plus petit que dans une combinaison de même exposant entièrement composée de lettres différentes, et dans laquelle le nombre des permutations aurait (*Probl.* 1er.) pour expression $7\times6\times5\times4\times3\times2\times1$. Donc dans cet exemple, le nombre des permutations aura pour expression :

$$\frac{7}{1}\times\frac{6}{2}\times\frac{5}{3}\times\frac{4}{1}\times\frac{3}{1}\times\frac{2}{1}\times\frac{1}{1}$$

Prenons encore pour 2e exemple la combinaison *aaabbde*. Ici les deux permutations qu'ont données les deux lettres différentes b et c à la place de la lettre double bb se réduisant à une seule, le nombre des permutations sera $\frac{7}{1}\times$

$$\frac{6}{2}\times\frac{5}{3}\times\frac{4}{1}\times\frac{3}{2}\times\frac{2}{1}\times\frac{1}{1}$$

Généralement, dans la combinaison de l'exposant n où une lettre se présente le nombre de fois p, une autre le nombre de fois q, et où le nombre des lettres différentes est $n-p-q$, le nombre des permutations aura pour expression :

$$\frac{1\times2\times3.\dots\dots\dots\dots\dots\dots\times n}{1\times2.\dots\dots p\times1\times2.\dots q\times1\times1\times1\times1}$$

Dans cette expression le nombre des facteurs égaux à l'unité est $n-p-q$.

COROLLAIRE.

Les puissances d'un polynome étant les produits successifs de facteurs composés des termes de ce polynome, dans ces multiplications successives toute lettre de la racine se trouvera facteur le même nombre de fois, et par conséquent dans l'ensemble des termes du développement de la puissance, chaque lettre de la racine se présentera le même nombre de fois. Ainsi les termes de ces produits ne représentent que les différentes permutations des lettres de la racine où l'exposant est le même que l'exposant de la puissance. Par exemple, le développement de la seconde puissance du trinome $a+b+c$ se composerait avant réduction des termes :

$$aa \times ba \times ca \times cb \times bb \times cc$$
$$\times ab \times ac \times bc$$

Dans ces produits, les termes qui se composent des mêmes lettres ayant des valeurs égales, on peut les réduire à un seul, en lui donnant pour coëfficient le nombre des termes qui se trouvent composés des mêmes lettres. Or, les termes composés des mêmes lettres représentent les différentes permutations de la combinaison des lettres qui les composent. Ainsi le développement de la puissance après réduction, aura pour termes les combinaisons des lettres de la racine. Par conséquent le nombre des termes de la puissance est le nombre des combinaisons des lettres de la racine, nombre dont (*Probl.* 4.) nous avons déterminé l'expression.

LEMME PREMIER.

Puisqu'un terme a pour coëfficient le nombre de permutations de la combinaison des lettres de la racine qui entrent dans sa composition, les termes qui, dans le développement de la puissance, ont les mêmes nombres pour exposants, avec cette seule différence que ces exposants ne reposent pas sur les mêmes lettres, ont le même coëfficient.

LEMME 2.

On peut dans un terme introduire les lettres de la racine qui ne s'y rencontrent pas, en donnant à ces lettres zéro pour exposant. Par exemple, la racine étant le polynome $a+b+c+d+e+f$, dans le terme $a_p b^q c^r d^2$, où ne se rencontrent ni la lettre e ni la lettre f, on les introduira dans ce terme en le mettant sous cette forme $a^p b^q c^r d^2 e^0 f^0$.

LEMME 3.

Si l'on fait abstraction des valeurs différentes que peuvent avoir les lettres de la racine, ou si toutes ces lettres ont une valeur égale, les termes de la puissance qui ont les mêmes exposants (par conséquent (*Lemme* 1er) un même coëfficient), auront une valeur égale. Après avoir mis sous la forme du Lemme **2** les termes de la puissance auxquels cette forme peut s'appliquer, le nombre des termes qui auront les mêmes chiffres pour exposants, même coëfficient et même valeur, aura pour expression le nombre des permutations de la combinaison des chiffres qu'ils ont pour exposant. On pourra donc réduire tous ces termes à un seul, auquel on appliquerait un nouveau coëfficient qui serait le nombre des permutations de la combinaison des chiffres que tous ces termes ont pour exposants.

Par exemple $a+b+c+d+e+f$ étant la racine, n l'exposant de la puissance et un des termes du développement de la puissance.

$$\frac{1\times2\times3.\ .\ .\ .\ .\ .\ .\ .\ .\ .\ .\ .\ .\ .\ .\ .\ .\ .\ .na^p b^q c^r d^2}{1\times2\times3.\ .\ p\times1\times2\times3.\ .\ q\times1\times2\times3.\ .\ r\times1\times2}$$

on introduira dans ce terme les lettres e,f de la racine en leur donnant 0 pour exposant. Sous cette forme la combinaison des exposants dans ce terme sera $p,q,r,2,0,0$. Le nombre des permutations de cette combinaison est (*Probl.* 5) $\frac{6}{1}\times\frac{5}{1}\times\frac{4}{1}\times\frac{3}{1}\times\frac{2}{1}\times\frac{1}{2}=360$. On donnera ce nombre pour facteur ou comme un coëfficient au terme ci-dessus, et ces 360 termes se trouveront réduits à ce seul terme

$$\frac{\frac{6}{1}\times\frac{5}{1}\times\frac{4}{1}\times\frac{3}{1}\times\frac{2}{1}\times\frac{1}{2}\times1\times2\times3.\ .\ .\ na^p b^q c^r d^2 e^0 f^0}{1\times2\times3.....p\times1\times2\times3..q\times1\times2\times3..r\times1\times2}$$

LEMME 4.

Dans l'application du Lemme précédent, m étant le nombre des termes de la racine, n l'exposant de la puissance, on prendra un nombre m d'indéterminées dont on égalera la somme à l'exposant n, les différentes solutions dont cette équation est susceptible représenteront, par les valeurs de chacune de ces indéterminées dans ces différentes solutions, la combinaison des exposants qui dans les termes auxquels le développement de la puissance se trouvera réduit, reposeront sur les lettres de la racine. On donnera à chacun de ces termes pour premier facteur ou premier coëfficient le nombre des permutations de la combinaison des chiffres de ses exposants, et pour second facteur ou second coëfficient, le nombre des permutations de la combinaison des lettres de la racine, sur lesquelles repose comme exposant un chiffre significatif, sans tenir compte des lettres qui dans ce terme ont zéro pour exposant.

DEUXIÈME PARTIE.

Applications.

Une urne contient plusieurs boules de couleurs différentes ; en tirant une boule de cette urne, il y a autant d'éventualités que de couleurs différentes.

La probabilité de l'une de ces éventualités a pour expression le nombre des boules de sa couleur, divisé par le nombre des boules de toutes les couleurs.

Par exemple, si l'urne contient un nombre m de boules blanches, un nombre n de boules noires, la probabilité d'amener une boule blanche a pour expression $m:(m+n)$

Si l'urne ne contient que des boules blanches, la probabilité d'amener une boule blanche se change en certitude. Dans l'expression ci-dessus de la probabilité, nous aurons $n=0$, et l'expression de la probabilité se réduira à $m:m=1$. Ainsi la certitude a pour expression l'unité.

THÉORÈME 1er.

Lorsqu'un événement tient à la rencontre successive ou simultanée de plusieurs événements mutuellement indépendants, M. Moivre a remarqué qu'il suffit d'examiner en particulier la probabilité de chacun de ces événements, de déterminer les expressions de ces probabilités, et de les multiplier entre elles.

Exemple. On demande la probabilité, en jetant le dé six fois, d'amener un as, un deux, un trois, un quatre, un cinq et un six.

Après le 1er coup, les chances du second coup se composent du dé qu'on aura amené le 1er coup, et de cinq dés différents; ainsi la probabilité d'amener en deux coups deux dés différents a pour expression $^3/_6$

Le 3e coup, les chances se composent des deux dés amenés les deux 1ers coups, et de 4 autres. Ainsi la probabilité d'amener un dé différent a pour expression $^4/_6$

Les coups suivants, la probabilité d'amener un dé différent aura pour expression $^3/_6$, $^2/_6$, $^1/_6$

Multipliant les expressions de ces probabilités les unes par les autres, leur produit $^5/_6 \times ^4/_6 \times ^3/_6 \times ^2/_6 \times ^1/_6 = 120 : 7776$, sera l'expression de la probabilité dans l'exemple proposé.

Mais cette méthode ne pourrait pas s'appliquer à tous les cas, comme celui où l'on serait admis à jeter le dé sept fois ou plus. Il faudrait alors avoir recours à une autre méthode, celle des combinaisons et des permutations.

PROBLÈME 1er.

En jetant douze fois le dé, on demande la probabilité d'amener les six faces du dé.

Nous désignerons le point de chacune des faces du dé par les lettres a, b, c, d, e, f; dans un coup de dé la chance étant la même pour chaque point, toutes ces lettres ont une valeur égale qui a pour expression $^1/_6$

Le problème proposé conduirait à élever à la 12e puissance le polynome $a+b+c+d+e+f$, et à prendre dans le développement de cette puissance la somme des valeurs des termes qui renferment les six termes de la racine, cette somme serait l'expression de la probabilité demandée.

Faisant ici l'application des Lemmes 3 et 4, on aura l'équation aux six indéterminées

$$p+q+r+s+t+v=12$$

laquelle en donnant pour valeur à chacune de ces six indéterminées un chiffre significatif, est susceptible de ces onze solutions :

$$7+1+1+1+1+1=12 \qquad 6+2+1+1+1+1=12$$
$$5+3+1+1+1+1=12 \qquad 5+2+2+1+1+1=12$$
$$4+4+1+1+1+1=12 \qquad 4+3+2+1+1+1=12$$
$$4+2+2+2+1+1=12 \qquad 3+3+3+1+1+1=12$$
$$3+3+2+2+1+1=12 \qquad 3+2+2+2+2+1=12$$
$$2+2+2+2+2+2=12$$

On aura onze termes, dans lesquels on donnera aux six lettres de la racine les nombres dont les premiers membres de ces onze équations se composent.

On donnera à chaque terme un premier facteur qui sera le nombre des permutations de la combinaison des chiffres qu'il a pour exposants.

Un second facteur qui sera le nombre des permutations de la combinaison des lettres de la racine dont le terme se compose.

Enfin on substituera dans chaque terme aux lettres de la racine, lesquelles sont au nombre de 12, leur valeur $\frac{1}{6}$,

Ces onze termes seront

$$\frac{6.5.4.3.2.1\times 1.2.3.\;.\;.\;.\;.\;.\;.\;.\;.\;.\;12 \times a^7bcdef}{1.1.2.3.4.5\;\times 1.2.3.\;.\;.\;.\;7.1.1.1.1.1}$$

$$\frac{6.5.4.3.2.1\times1.2.3.\ \ldots\ 12}{1.1.1.2.3.4\times\ 1.2.\ \ldots\ 6.1.2.1.1.1.1}\times a^6b^2cdef$$

$$\frac{6.5.4.3.2.1\times1.2.3.\ \ldots\ 12}{1.1.1.2.3.4\times\ 1.2.\ \ldots\ 5.1.2.3.1.1.1.1}\times a^5b^3cdef$$

$$\frac{6.5.4.3.2.1\times1.2.3.\ \ldots\ 12}{1.1.2.1.2.3\times\ 1.2.\ \ldots\ 5.1.2.1.2.1.1.1}\times a^5b^2c^2def$$

$$\frac{6.5.4.3.2.1\times1.2.3.\ \ldots\ 12}{1.2.1.2.3.4\times\ 1.2.3.4.1.2.3.4.\,.1.1.1.1}\times a^4b^4cdef$$

$$\frac{6.5.4.3.2.1\times1.2.3.\ \ldots\ 12}{1.1.1.1.2.2\times\ 1.2,3.4.\ 1.2.3.1.2.1.1.1}\times a^4b^3c^2def$$

$$\frac{6.5.4.3.2.1\times1.2.3.\ \ldots\ 12}{1.1.2.3.1.2\times\ 1.2.3.4.\ 1.2.1.2.1.2.1.1}\times a^4b^2c^2d^2ef$$

$$\frac{6.5.4.3.2.1\times1.2.3.\ \ldots\ 12}{1.2.3.1.2.3\times\ 1.2.3.\,.1.2.3.1.2.3.1.1.1}\times a^3b^3c^3def$$

$$\frac{6.5.4.3.2.1\times1.2.3.\ \ldots\ 12}{1.2.1.2.1.2.\times\ 1.2.3.\,.1.2.3.1.2.1.2.1.1}\times a^3b^3c^2d^2ef$$

$$\frac{6.5.4.3.2.1\times1.2.\ \ldots\ 12}{1.1.2.3.4.1\times\ 1.2.3.\,.1.2.1.2.1.2.1.2.1}\times a^3b^2c^2d^2e^2f$$

$$\frac{6.5,4.3.2.1\times1.2.3.\ \ldots\ 12}{1.2.3.4.5.6\times\ 1.2.1.\ 2.1.2.1.2.1.2.1.2}\times a^2b^2c^2d^2e^2f^2$$

Il ne reste plus qu'à substituer aux lettres a,b,c,d,e,f leur valeur $\frac{1}{6}$, et faisant les multiplications et divisions indiquées, on trouvera pour sommes des valeurs de ces onze termes 0,52198, expression de la probabilité d'amener les six faces du dé, en jetant le dé 12 fois.

Dans l'entier développement de la douzième puissance du polynome $a+b+c+d+e+f$, le nombre des **termes** eût été 6188, et le nombre des termes dont on aurait eu à prendre la somme des valeurs , eût été 422 au lieu de 11.

Le nombre des termes du développement entier de la puissance se réduirait à 50 au lieu de 6,188.

DÉFINITION.

L'expectative d'un joueur est la somme qu'il peut gagner, multipliée par l'expression de la probabilité qu'il a de la gagner.

PROBLÈME 2.

Plusieurs personnes jouent successivement l'une contre l'autre, et le gain de la partie générale est acquis à celui des joueurs qui a gagné consécutivement tous les autres; après une partie, celui qui l'a gagnée reste au jeu. Un de ceux avec lesquels il n'a pas encore joué rentre au jeu en payant une nouvelle mise. Après plusieurs parties, qui n'ont point décidé le gain de la partie générale, on convient de cesser le jeu et de partager la somme des enjeux; on demande dans quelle proportion doit se faire ce partage, à raison de la position des joueurs au moment où la partie se rompt.

Appelons m le nombre des joueurs, n le nombre de parties qu'aurait encore à gagner le joueur qui reste au jeu , s la somme des enjeux, qui doit comprendre les mises des joueurs qui ont encore à rentrer au jeu avant que la partie générale puisse être gagnée.

Dans la partie qui se joue entre deux personnes, la probabilité est égale pour l'une et pour l'autre, et a pour expression $\frac{1}{2}$. Pour l'un des joueurs la probabilité de gagner deux parties de suite a, par le théorème précédent, pour expression $\frac{1}{2} \times \frac{1}{2}$, et la probabilité de gagner de suite, le nombre n de parties aura pour expression $\frac{1}{2}n$. Ainsi l'expectative du joueur, qui est resté au jeu, est $\frac{1}{2}n \times s$. On doit donc regarder cette portion des enjeux comme lui étant acquise. Dès-lors l'autre portion des enjeux $s - s \times \frac{1}{2}n$ doit se partager également entre lui et tous les joueurs qui se trouvent à termes égaux par le prélèvement fait au profit de celui qui avait l'avantage d'avoir déjà gagné une ou plusieurs parties.

Ainsi la part de celui qui est resté au jeu sera $s \times 1/2^n$ $+ (s - s \times 1/2^n) \times 1/m$.

La part de chacun des autres joueurs sera $(s - s \times 1/2^n)$ $\times 1/m$.

Pascal avait résolu de cette manière les premiers problèmes de probabilités proposés par Huyghens.

PROBLÈME 3.

On a pour soi le nombre de chances a, *contre soi le nombre de chances* b; *on demande en quel nombre de parties la probabilité d'en gagner au moins une serait égale à* 1/2.

Soit n le nombre des parties que l'on jouera. La probabilité de les gagner toutes aurait (*Théorème* 1er) pour expression $a^n : (a+b)^n$. Celle de les perdre toutes, $b^n : (a+b)^n$. Par conséquent, celle de ne pas les perdre toutes ou d'en gagner une au moins a pour expression $[(a+b)^n - b^n] : (a+b)^n$. Or, dans le problème proposé, nous aurons l'équation $[(a+b)^n - b^n] : (a+b)^n = \frac{1}{2}$ ou $(a+b)^n = 2b^n$, dans laquelle n est l'inconnue.

Opérant par logarithmes, il vient $n \log (a+b) = \log 2 + n \log b$ et $n = \log 2 : \log [(a+b) - \log b.]$

Par exemple, si l'on demandait en combien de coups on peut parier amener un sonnet avec deux dés, on aurait $a = 1, b = 35, n = \log 2 : (\log 36 - \log 35) = 0,301030 : 0,012234 = 25$.

Après avoir résolu un problème dans toute sa généralité, on peut faire subir à la formule trouvée l'épreuve de l'appliquer à un cas très simple, dont la solution au premier abord saute aux yeux avec le caractère de l'évidence.

Faisons donc l'application de cette formule au cas particulier d'une loterie où 2 est le nombre des numéros et le tirage d'un seul numéro. Il est évident que la probabilité que le numéro désigné sortira dans le premier tirage a pour expression $\frac{1}{2}$. Par conséquent que dans ce cas particulier on a $n = 1$. Or, si dans la formule ci-dessus on fait $a = 1$, $b = 1$, $a+b = 2$, il viendra $n = \log 2 : (\log 2 - \log 1) = 0,301030 : 0,301030 - 0 = 1$, valeur de n que l'on connaissait d'ailleurs.

THÉORÈME 2.

Les différents résultats, perte ou gain, d'un nombre n de parties, et la probabilité de chacun, seraient représentés (l. 5 et 6, 1 p.) par les termes de la puissance n du binome $(a+b)$.

Si nous faisons $n = 10$, cette suite de termes sera

$$a^{10} + 10a^9b + 45a^8b^2 + 120a^7b^3 + 210a^6b^4 + 252a^5b^5$$
$$+ 210a^4b^6 + 120a^3b^7 + 45a^2b^8 + 10ab^9 + b^{10}$$

(Par le Lemme 6, n. 4) le nombre de permutations de l'exposant 10, dont les deux lettres a et b sont susceptibles, a pour expression $2^{10} = 1024$. Ainsi en dix parties le nombres des éventualités serait 1024.

COROLLAIRE 1er.

Les résultats en perte et gain de 10 parties donnent 11 combinaisons. Ces 11 combinaisons donneront 1024 permutations. Chaque permutation comprend 10 parties. Tous les résultats possibles présentent donc un ensemble de 10240 parties, perte ou gain.

COROLLAIRE 2.

Supposons donc 1024 personnes dont chacune aura joué 10 parties contre des tiers. Suivant les probabilités, une de ces 1024 personnes se trouvera avoir gagné les 10 parties qu'elle a jouées, une autre se trouvera les avoir perdues ; 10 personnes se trouveront en avoir gagné 9 et perdu 1 ; 10 autres se trouveront n'en avoir gagné que 1 et perdu 9. Ainsi, par le seul effet du hasard, il doit y avoir une extrême inégalité dans le sort des personnes qui ont couru les mêmes chances.

THÉORÈME 3.

Bien qu'un événement soit arrivé une ou plusieurs fois, il conserve autant de probabilité dans le futur contingent, que tout autre événement qui, avec une égale probabilité primitive, ne s'est pas encore présenté.

On suppose d'abord qu'il n'y a aucune raison physique, et l'on ne saurait alléguer aucune raison mathématique, pour laquelle le passé influerait ici sur l'avenir ; cependant cette proposition ayant été contestée par des géomètres, notamment par d'Alembert et Condorcet, nous allons en donner une démonstration déduite des deux corollaires précédents.

Sur 1024 personnes qui ont joué chacune 10 parties, il doit s'en trouver une qui aura gagné les 10 parties ; il doit se trouver 10 personnes qui en auront gagné 9 et perdu une. Or, dans la combinaison qui se compose du gain de 9 parties et de la perte d'une partie, il y a 10 permutations, dont une se compose du gain des 9 premières parties et de la perte de la dixième. Dans les autres permutations, la partie perdue étant placée dans les 9 premières.

lorsqu'on est arrivé à la dixième, on n'avait déjà plus la chance de gagner toutes les 10 parties. Ainsi à la dernière des 10 parties, il ne s'est plus trouvé au jeu qu'une seule personne sur 1024 qui fût en position de disputer la chance de gagner toutes les parties à celui qui, en définitive, l'a obtenue ; or tout était égal entre ces deux personnes. Elles avaient donc à la dixième partie la même chance qu'à une première partie.

THÉORÈME 4.

La probabilité d'un événement a pour expression le nombre des chances favorables, divisé par le nombre des chances de tous les événements possibles.

Ce principe est la base de toute la théorie des probabilités, nous allons nous y arrêter.

Huyghens avait proposé ce problème. A et B jouent en deux points. A gagne le premier point. Dans cette position, déterminer la probabilité.

Fermat avait donné cette solution : Le gain de la partie sera nécessairement décidé en deux coups. Les points gagnés par A et B, étant désignés par a et b, les résultats de deux coups sont représentés par les permutations aa, ab, ba, bb. Or, de ces quatre résultats, qui sont autant d'éventualités différentes, trois donnent à A le gain de la partie, un seul le donne à B. Les nombres des chances de A et de B sont donc dans le rapport de 3 à 1, et les probabilités en faveur de l'un et de l'autre ont pour expression $3/4$ et $1/4$.

Pascal écrivit à Fermat que Roberval n'admettait pas sa solution. « Si, disait-il, on joue en deux points, et que l'un des joueurs ait un point, c'est à tort que l'on suppose qu'il y ait encore deux coups à jouer pour décider la partie, le gain pouvant dès le premier coup en être acquis à celui qui a le point, s'il gagne ce coup. Ainsi la condition de jouer encore deux coups est une condition feinte, puisque la condition naturelle du jeu est qu'on ne jouera plus dès que l'un des joueurs aura gagné. » Voici la réponse à cette objection :

Supposons qu'on joue avec des dés ayant trois faces blanches et trois noires. S'il vient deux faces blanches avant deux faces noires, le gain de la partie est acquis à A. Le premier coup, il est venu face blanche. Dès le deuxième coup, A peut gagner la partie s'il vient face blanche. Dans le cas contraire, par le résultat du troisième coup, ou il la gagnera ou il la perdra. Mais si, après le premier coup, au lieu de jeter le dé une fois, et deux fois, s'il y a lieu, les joueurs faisaient la convention de jeter deux dés à la fois, cette convention ne donnerait ni n'ôterait de chances à l'un ni à l'autre. Or, avec deux dés, il peut venir ou deux blanches, ou deux noires, ou une blanche et une noire ; mais cette dernière éventualité peut se rencontrer de deux manières : le dé blanc aurait pu être noir, et le dé noir être blanc. Le coup joué avec deux dés est donc susceptible de quatre résultats dont trois feront gagner A , et dont un seul le fera perdre. Roberval ne considérait dans sa solution que les combinaisons, et la solution du problème dépend des permutations.

D'Alembert et Condorcet ont reproduit à peu près la même objection en ces termes :

« Au jeu de croix ou pile, on parie amener une fois croix en deux coups. Or, il n'y a que trois combinaisons, savoir, croix, pile et croix, pile et pile ; il n'y a donc à parier que deux contre un, au lieu de trois contre un. »

Le pari sera gagné si le premier coup il vient croix, éventualité dont la probabilité est $\frac{1}{2}$.

Le pari sera encore gagné, si le premier coup il vient pile, et si le second coup il vient croix, deux éventualités qui chacune ont pour expression de leur probabilité $\frac{1}{2}$. La probabilité de gagner le pari en deux coups par le concours de ces deux éventualités a (*Théor.* 1er.) pour expression $\frac{1}{2} \times \frac{1}{2} = \frac{1}{4}$. Or, la probabilité absolue de gagner le pari est évidemment la somme des probabilités de le gagner soit de l'une, soit de l'autre de ces deux manières. Elle a donc pour expression $\frac{1}{2} + \frac{1}{4} = \frac{3}{4}$, et la probabilité de perdre le pari sera $1 - \frac{3}{4} = \frac{1}{4}$.

On peut dire encore :

« Que l'on jette les deux écus en même temps ; les écus tombés à terre, le premier qu'on ramassera peut être croix, le deuxième qu'on ramassera peut l'être

aussi ; ou le premier peut être croix et le deuxième pile ,
ou le premier peut être pile et le deuxième croix , ou le
premier et le deuxième peuvent être pile. L'objection
pèche donc par un dénombrement imparfait. »

Quelques personnes ont prétendu qu'à pair ou non, il y
avait une chance de plus à opter pour non , se fondant
sur ce raisonnement :

« 1 est nombre impair, 2 nombre pair ; ensuite vient 3
nombre impair, 4 nombre pair ; ainsi les trois nombres
1, 2 et 3 donnent une chance de plus pour impair que
pour pair. Les quatre nombres 1, 2, 3 et 4 ne donnent
qu'un nombre égal de chances pour pair et pour impair.
Pour des nombres plus grands , on aura alternativement
une chance de plus pour impair, un nombre égal de chances
pour pair. »

De là elles ont conclu qu'il y a de l'avantage à opter
pour non.

Cela n'est pas.

Qu'on prenne une pile de jetons, que l'on en fasse
deux parts et que l'on présente l'une d'elles à l'option.
Le nombre des jetons de la pile peut indifféremment être
supposé pair ou impair. Le nombre des jetons étant un
nombre pair, si dans l'une des parts le nombre de jetons
est pair, dans l'autre part il sera aussi un nombre pair.
Ainsi, en présentant l'une des parts à l'option , il y a
deux chances pour que dans l'une et dans l'autre le

nombre de jetons soit pair, comme il y a également deux chances pour qu'il soit impair.

Le nombre des jetons de la pile étant impair, si dans l'une des parts le nombre des jetons est pair, dans l'autre part il sera impair. Ainsi, en présentant à l'option une de ces parts, on a une chance pour que le nombre de jetons s'y trouve pair, comme on a également une chance pour que le nombre de jetons s'y trouve impair.

Ainsi, que le nombre de jetons de la pile soit pair ou impair, il y a trois chances pour que dans la part qu'on présente à l'option, le nombre de jetons soit pair, et trois chances pour qu'il soit impair. On a donc à pair ou non, un nombre de chances égal en optant soit pour pair, soit pour non.

COROLLAIRE.

Entre deux joueurs, la somme des probabilités en faveur de l'un et de l'autre a pour expression l'unité. Si en faveur de l'un d'eux la probabilité a pour expression x, la probabilité en faveur de son adversaire aura pour expression $1-x$.

LEMME 2.

Si les éventualités qui font gagner l'un sont indépendantes de celles qui font gagner l'autre, par exemple : si au whist on convenait qu'un côté ne marquera que les points gagnés par les honneurs, et l'autre côté ceux gagnés par les trics, le corollaire précédent n'aurait pas d'application. Dans ce cas, on déterminerait séparément l'expression de la probabilité pour un côté ou pour l'autre. Qu'elle soit pour l'un $m:p$, pour l'autre $n:q$, on réduirait ces expressions au même dénominateur $mq:pq$, $np:pq$: le nombre des chances pour l'un sera mq, pour l'autre sera np, et les probabilités seront dans le rapport de mq à np.

Exemple. **A** et **B** sont appelés au recrutement dans deux arrondissements différents. Dans celui où tire **A**, on demande 2 hommes sur 7 ; dans celui où tire **B**, on demande 3 hommes sur 11 : dans quel rapport sont les chances de A et de B pour être libérés ?

$p=7$, $q=11$; nous ferons $m=7-2$ ou 5, $n=11-3$ ou 8, le rapport de mq à np sera celui de 5×11, à 8×7 ou de 55 à 56.

THÉORÈME 5.

Une urne renferme une boule noire et un nombre de boules blanches $(n-1)$. Un nombre n de personnes en même nombre que les boules étant appelé à tirer successivement une boule, la chance sera égale pour tous.

Pour celui qui tire le premier (*Théor.* 4), la chance d'amener la noire a pour expression $1/n$.

A l'égard de celui qui ne tire qu'après un nombre p de

personnes, le concours de deux éventualités est nécessaire pour qu'il amène la noire.

1° Que ceux qui ont tiré avant lui n'aient amené que
des blanches, éventualité qui (*théor*. 1ᵉʳ) a pour expression de sa probabilité

$$\frac{(n{-}1)\times(n{-}2)\times(n{-}3)\ldots\ldots n{-}p}{n\ \times(n{-}1)\times(n{-}2)\ldots\ldots n{-}(p{-}1)}$$

Le produit de tous ces facteurs se réduit à

$$(n{-}p):n$$

2° Lorsqu'il tire, le nombre de boules restant dans
l'urne est $n{-}p$. Sur ce nombre l'éventualité d'amener
la noire a (*théor*. 4) pour expression de sa probabilité
$1:(n{-}p)$.

Or (*Théor*. 1ᵉʳ) la probabilité du concours de ces deux
éventualités a pour expression

$$\frac{n{-}p}{n}\times\frac{1}{n{-}p}=\frac{n}{1}$$

Donc celui qui tire après un nombre de personnes p, ne
court que la même chance que celui qui tire le premier.

COROLLAIRE 1ᵉʳ.

On a désigné une carte dans un jeu ; plusieurs personnes en tirent une successivement ; pour que la chance
soit égale entre elles, il faut que le nombre des personnes
qui tirent, soit un diviseur exact du nombre des cartes
du jeu.

PROBLÈME 4.

A un jeu égal, A a devant lui le nombre g de jetons, B le nombre h ; celui qui perd le coup donne à son adversaire un des jetons qu'il a devant lui : la partie ne se termine que lorsqu'il ne reste plus de jetons à l'un des joueurs. Déterminer la probabilité en faveur de A et en faveur de B.

Selon que la somme des jetons que A et B ont devant eux sera un nombre pair ou un nombre impair, il y aura dans la solution de ce problème une variante. Nous avons ainsi deux cas : le 1er, celui ou $g+h=2m$; le 2e, celui ou $g+h=2m+1$.

1er CAS : dans les différentes phases de la partie, A peut avoir devant lui les nombres de jetons

$$2m-1, 2m-2, 2m-3\ldots\ldots 2m-(m-1),\ 2m-m \text{ ou } m.$$

Dans ces différentes positions de la partie, désignons les probabilités en faveur de A par

$$p, q, r\ldots\ldots\ldots y, \tfrac{1}{2}.$$

Dans ces mêmes positions de la partie, les probabilités en faveur de B auraient pour expression (*Théor. 4, cor.*)

$$1-p, 1-q, 1-r\ldots\ldots 1-y, \tfrac{1}{2}.$$

Dans la position de la partie où A a devant lui le nombre $2m-1$ de jetons, l'éventualité de gagner le coup qui se joue, lui donne le gain de la partie ; l'éventualité de le perdre, le place dans la position où il a devant lui le nombre de jetons $2m-2$ et où la probabilité en sa faveur a q pour expression ; ce qui donne $p=\frac{1}{2}+\frac{1}{2}q$.

Dans la position de la partie où il a devant lui le nombre $2m-2$ de jetons, l'éventualité de gagner le coup qui se joue, le place dans la position où il a devant lui le nombre de jetons $2m-1$ et où la probabilité en sa faveur a p pour expression ; l'éventualité de le perdre, le place dans la position où il a devant lui $2m-3$ de jetons, et où la probabilité en sa faveur a r pour expression, ce qui donne $q=\frac{1}{2}p+\frac{1}{2}r$.

Par la même analogie, on aura successivement de nouvelles équations. Application :

Le nombre de jetons sur jeu est 10, ou $g+h=10$, $2m=10$, $2m-1=9$, $2m-2=8$, $2m-3=7$, $2m-(m-1)=6$, $2m-m=5$, et nous aurons ces 4 équations qui renferment 4 inconnues p, q, r et y ; $p=\frac{1}{2}+\frac{1}{2}q$, $q=\frac{1}{2}p+\frac{1}{2}r$, $r=\frac{1}{2}q\times\frac{1}{2}y$,.... $y=\frac{1}{2}r+\frac{1}{2}\times\frac{1}{2}=\frac{1}{2}r+\frac{1}{4}$, desquelles on tire $p=\frac{9}{10}$, $q=\frac{8}{10}$, $r=\frac{7}{10}$, $y=\frac{6}{10}$: expressions de la probabilité pour A.

Dans ces mêmes positions, les probabilités pour B auront pour expression $\frac{1}{10}$, $\frac{2}{10}$, $\frac{3}{10}$, $\frac{4}{10}$.

2ᵉ CAS. $g+h=2m+1$.

A pourrait avoir devant lui les nombres de jetons

$2m$, $2m-1$, $2m-2$, ... $2m-(m-1)$, $2m-m$.

Dans ces différentes positions, désignons les probabilités en sa faveur par

$$p,\ q,\ r \ldots \ldots\ y,\ 1-y.$$

L'expression y se rapporte à la position de la partie dans laquelle A aurait devant lui le nombre de jetons $m+1$ et B le nombre de jetons m.

L'expression $1-y$ se rapporte à la position de la partie dans laquelle A n'a plus devant lui que le nombre de jetons m, et dans laquelle B a devant lui le nombre de jetons $m+1$. Dans ces deux positions de la partie, les probabilités respectives en faveur de A et de B ont été changées l'une contre l'autre.

Les probabilités en faveur de B auraient pour expression

$$1-p,\ 1-q,\ 1-r \ldots \ldots 1-y,\ y\ ;$$

et nous aurons comme ci-dessus une suite d'équations

$$p = \tfrac{1}{2} + \tfrac{1}{2}q,\ q = \tfrac{1}{2}p + \tfrac{1}{2}r \ldots \ldots$$

Application :

$$g+h=9,\ 2m=8,\ 2m-1=7,$$
$$2m-2=6,\ 2m-(m-1)=5,\ 2m-m=4,$$

Nous aurons ces quatre équations qui renferment quatre inconnues $p,\ q,\ r,\ y$:

$$p=\tfrac{1}{2}+\tfrac{1}{2}q,\ q=\tfrac{1}{2}p+\tfrac{1}{2}r,\ r=\tfrac{1}{2}q+\tfrac{1}{2}y,\ y=\tfrac{1}{2}r+\tfrac{1}{2}\times(1-y),$$

desquelles on tire $p=\tfrac{8}{9}$, $q=\tfrac{7}{9}$, $r=\tfrac{6}{9}$, $y=\tfrac{5}{9}$, expression de la probabilité pour **A**, dans ces différentes positions de la partie.

Dans ces mêmes positions de la partie, les probabilités pour B auront pour expression $\frac{1}{9}$, $\frac{2}{9}$, $\frac{3}{9}$, $\frac{4}{9}$.

COROLLAIRE.

Si, en commençant la partie, **A** avait devant lui sept jetons, et que B n'en eût que 3, les probabilités pour **A** et pour B, de finir par avoir tous les jetons, seraient dans le rapport de 7 à 3. D'où il suit que si deux personnes dont les fortunes sont très inégales, jouaient jusqu'à ce que l'une d'elles eût ruinée l'autre, les probabilités de leur ruine seraient dans le rapport inverse de leurs fortunes.

PROBLÈME 5.

Ce problème, que l'on nomme le problème de Pétersbourg, parce qu'il a été traité par Daniel Bernouilli, dans les *Mémoires de Pétersbourg*, *tome 5*, est devenu célèbre par sa singularité et son résultat paradoxal (1).

Au jeu de croix ou pile, Jean s'oblige à payer à Pierre un écu, s'il amène croix au 1er coup; deux écus, s'il ne l'amène qu'au second; quatre, s'il ne l'amène qu'au 3e,

(1) ***Histoire des Mathématiques***, de Montuela, t. 8e, p. 400, nomb. 48.

et ainsi de suite. On demande quelle doit être la mise au jeu de Pierre.

A chaque coup, Pierre a une éventualité sur deux pour amener croix. La probabilité de l'amener le 1er coup est $\frac{1}{2}$, le 2e coup $\frac{1}{2} \times \frac{1}{2}$ (*théor.* 1er), le 3^e $\frac{1}{2} \times \frac{1}{2} \times \frac{1}{2}$, le 4^e $\frac{1}{2} \times \frac{1}{2} \times \frac{1}{2} \times \frac{1}{2}$, etc., ou $\frac{1}{2}$, $\frac{1}{4}$, $\frac{1}{8}$, $\frac{1}{16}$, etc. Or Jean aurait à payer à Pierre au 1er coup un écu, au 2e deux, au 3e quatre, au 4e huit, etc. Ainsi, dans ces différentes alternatives l'expectative de Pierre aurait pour expressions, $\frac{1}{2} \times 1$, $\frac{1}{4} \times 2$, $\frac{1}{8} \times 4$, $\frac{1}{16} \times 8$, etc. Ainsi, sa mise devant être égale au montant de ses expectatives, serait exprimée par la suite infinie $\frac{1}{2} + \frac{1}{2} + \frac{1}{2} + \frac{1}{2}$, etc., dont la somme serait un nombre infini d'écus.

Nicolas et Daniel Bernouilli, Cramer, Fontaine, Béguelin, d'Alembert, ont, dans des considérations tirées d'un ordre moral et économique, cherché des raisons pour réduire la mise de Pierre à 3 ou 4 écus; mais si, sans recourir à toutes ces inductions, ils eussent embrassé, dans leur résolution, avec la mise de Pierre la somme qu'éventuellement Jean aurait eu à lui payer, ils eussent rencontré une limite aussi étroite de la mise de Pierre.

Par les conventions du jeu, si Pierre amenait croix dès le 1er coup, il aurait à recevoir de Jean un écu, et à lui payer le nombre infini d'écus $\frac{1}{2} n$.

Mais si Pierre n'amenait croix qu'après un nombre de coups infini, Jean aurait à lui payer un nombre d'écus

exprimé par le dernier terme de la progression géomé-
trique, dans laquelle le premier terme est l'unité, 2 la
raison, n le nombre des termes. Le dernier terme de
cette progression aurait pour expression 2^n-1 qui se
réduit à 2^n, lorsque n est une quantité infinie. Sur cette
valeur, Jean ayant à imputer la mise de Pierre $^1/_2 n$, aurait à lui payer un nombre d'écus exprimé par $2^n-^1/_2 n$.

Or, la quantité $2n$ peut être mise sous la forme $(1+1)^n$.
L'exposant n de la puissance de ce binome étant une
quantité infinie, cette puissance aurait un nombre de
termes infini et pour expression

$$1+n:1+n^2:1.2+n^3:1.2.3+n^4:1.2.3.4\ldots\ldots.+n+1.$$

Dans cette puissance, la somme des deux 1ers termes
serait une quantité infinie du 2e ordre ; et la somme de
tous les termes, ou le nombre d'écus que Jean aurait à
payer à Pierre, serait une quantité infinie d'un ordre
infini.

Le problème pris dans toute l'étendue de son énoncé
nous jette donc dans des espaces imaginaires et n'est
point susceptible de solution.

Une condition indispensable de toute convention est
qu'elle puisse avoir son exécution. Ainsi la mise de Pierre
ne peut être que le prix des expectatives dont les facultés
de Jean lui permettraient de réaliser les valeurs.

Cela posé, si nous faisons $n=20$, ce qui réduirait à
dix écus la mise de Pierre, Pierre n'amenant croix que
le vingtième coup, Jean aurait à lui payer un nombre

d'écus exprimé par $2^{20}-104$, ou 52278, écus. Une condition préalable pour que la mise de Pierre fût portée à 10 écus, serait donc que Jean fût possesseur de la somme de 524,278 écus.

Une seconde condition serait que Jean voulût s'exposer à réduire à rien une fortune de 524,278 écus, par l'appât de l'augmenter de la somme insignifiante de dix écus.

Alors la mise de Pierre qui se trouvait déjà réduite à 10 écus, devrait encore être réduite jusqu'au point où la somme que Jean exposerait, serait dans sa fortune aussi insignifiante que la somme qu'il recevrait. De manière que pour porter à 5 écus la mise de Pierre, il faudrait que la perte de 512 écus fût une chose aussi indifférente pour Jean que la perte de 5 écus pour Pierre.

PROBLÈME 6.

Dans une partie en 4 points entre deux joueurs, déterminer les probabilités dans les différentes positions où les joueurs peuvent se trouver, dans le cours de la partie, après un ou plusieurs coups.

1°. En commençant la partie où à égalité de points les chances sont égales, la probabilité a pour expression $\frac{1}{2}$.

2°. Le 1er coup joué et gagné par B, la partie se ter-

minera nécessairement en 6 coups, dont les résultats
sont représentés par $a^6 + 6a^5b + 15a^4b^2 + 20a^3b^3 + 15a^2b^4 + 6ab^5 + b^6$; et (*lemme 6*) le nombre de ces résultats a
pour expression 2^6 ou 64. Or, par les résultats b^6, $6ab^5$,
$15a^2b^4$, et de plus par les résultats $20a^3b^3$, à cause du point
déjà gagné par B, le gain de la partie lui est acquis.
Ainsi le nombre des chances en sa faveur est 42 et la
probabilité $^{42}/_{64}$.

Par le théorème 4, corollaire, la probabilité pour A
sera $^{22}/_{64}$.

3°. Les deux 1ers coups joués et gagnés par B, la partie
se terminerait en cinq coups. On trouvera, comme ci-
dessus, que leurs résultats seraient au nombre de 32; les
chances en faveur de B au nombre de 26, la probabilité
en faveur de B, $^{26}/_{32}$, en faveur de A, $^6/_{32}$ (1).

---

(1) Si dans une partie en quatre points B a gagné les deux
1ers points, nous trouvons ici que les probabilités du
gain de la partie ont pour expression en faveur de B $^{26}/_{32}$
et en faveur de A $^6/_{32}$.

D'un autre côté, si dans une partie en deux points, B
a gagné le 1er point, nous avons démontré, théorème 4,
que les probabilités du gain de la partie avaient pour expression en faveur de B $^3/_4$, en faveur de A $^1/_4$.

Cependant de cette analogie que dans l'une de ces
parties, 2 points gagnés par B sont au nombre de 4 points
dans lesquels cette partie se joue, comme dans l'autre
partie 1 point gagné par B est au nombre de 2 points
dans lesquels cette partie se joue, il paraîtrait qu'on peut
conclure que dans les positions des joueurs en ces deux

4°. Les trois 1ers coups joués et gagnés par B, la partie se terminerait en quatre coups. Leurs résultats seraient au nombre de 16 ; les chances pour B $^{15}/_{16}$, pour A $^{1}/_{16}$.

5°. Dans les trois 1ers coups, B en a gagné 2, A en a gagné 1, la partie se terminerait de même en 4 coups. Les chances de B seraient au nombre de 11, la probabilité pour B $^{11}/_{16}$, la probabilité pour A $^{5}/_{16}$.

6°. Dans les quatre 1ers coups, B en a gagné 3, A en a gagné 1, la partie se terminerait en 3 coups, leurs résultats seraient au nombre de 8, les chances pour B au nombre de 7, la probabilité pour B $^{7}/_{8}$, pour A $^{1}/_{8}$.

7°. Dans les cinq 1ers coups, B en a gagné 3, A en a gagné 2, la partie se terminerait en 2 coups. Leurs résultats

---

parties, ils doivent avoir les mêmes probabilités. Or, il est ici démontré par le calcul, que cet aperçu aurait induit en erreur.

En effet, dans les positions données de la partie en deux points et en quatre points, les probabilités sont pour B $^{3}/_{4}$ et $^{26}/_{32}$: or on a $^{3}/_{4} < ^{26}/_{32}$ ou $96 < 104$, donc B a une probabilité plus grande dans la position de la partie en 4 points que dans la position de la partie en 2 points.

Au contraire, dans les positions données de la partie en 2 points et en 4 points, les probabilités sont pour A $^{1}/_{4}$ et $^{6}/_{32}$: or, on a $^{1}/_{4} > ^{6}/_{32}$ ou $32 > 24$, donc A a une probabilité plus grande dans la position de la partie en 2 points que dans la position de la partie en 4 points.

On a ici l'exemple que de simples analogies peuvent conduire à de fausses solutions.

seront au nombre de 4, les chances pour B au nombre de 3, la probabilité pour B $^3/_4$, pour A $^1/_4$ (1).

COROLLAIRE.

A chaque coup, la probabilité de le gagner étant plus grande en faveur de A qu'en faveur de B, dans une partie

---

(1) Dans une partie en 4 points, la position des joueurs serait la même, soit que B eût gagné le 1er coup, soit qu'avant de commencer la partie A eût fait à B l'avantage d'un point, dans l'un et dans l'autre cas, si les forces des joueurs sont égales, les probabilités du gain de la partie pour B et pour A seront dans le rapport de 42:22.

Mais si par la supériorité de la force de A sur celle de B, la partie se trouvait égale avec l'avantage que A fait à B, de là on ne pourrait pas tirer la conséquence que les forces de A et de B sont dans le rapport de 42:22, rapport inverse des probabilités, qu'en les supposant d'égale force, ils auraient eues.

En effet à chaque coup, désignant par a et par b les probabilités pour A et pour B de le gagner, on aurait $a = {}^{42}/_{64}$, $b = {}^{22}/_{64}$, si l'on suppose les forces de A et de B dans le rapport de 42:22.

D'un autre côté, une partie en 4 points jouée à but se déciderait en sept coups, dont les résultats différents sont représentés par la 7e puissance du binôme $a+b$, savoir :

$$a^7 + 7a^6b + 21a^5b^2 + 35a^4b^3 + 35a^3b^4 + 21a^2b^5 + 7ab^6 + b^7.$$

Le nombre des chances de A pour le gain de la partie est

en plusieurs points, plus le nombre des points dans lesquels la partie se joue, sera grand, plus la probabilité de
gagner cette partie sera grande en faveur de A.

Soit à chaque coup 2:1, le rapport des probabilités en
faveur de A et de B.

Si la partie se jouait en un point, il est évident que les

exprimé par la somme des valeurs des quatre 1ᵉʳˢ termes,
le nombre des chances de B par la somme des valeurs des
quatre derniers.

Substituant dans ces termes pour a la valeur $^{42}/_{64}$ que
nous lui avons donnée, pour b la valeur $^{22}/_{64}$ que nous lui
avons donnée, la somme des quatre 1ᵉʳˢ termes sera
0,74853, la somme des quatre derniers sera 0,25147, et
le rapport du nombre des chances de A au nombre des
chances de B sera 74853:25147.

Or, si de ce que les probabilités du gain de la partie
jouée à but étaient en faveur des joueurs dans le rapport
de 42:22, on eût été en droit de conclure que leurs
forces étaient dans ce rapport, réciproquement lorsque
les forces des joueurs auraient été dans le rapport de
42:22, les probabilités en leur faveur, dans une partie
jouée à but, seraient dans ce rapport de 42:22 ou de
74853:39214, rapport qui lui est égal; mais en partant
du principe de cette réciprocité, on a été conduit à un
rapport différent, le rapport de 74853:25147.

De là, il faut conclure que le rapport de 42:22 représente seulement le résultat en plusieurs coups des forces
respectives des joueurs et n'en est pas la mesure.

On verra plus loin que le rapport de la force des
joueurs se détermine à *posteriori*, par les résultats d'un
grand nombre de coups.

probabilités pour A et pour B seraient dans le rapport de $2:1$.

Si la partie se joue en 2 points, le gain de cette partie se décidera en 3 coups. Or, les différents résultats de 3 coups sont représentés par les termes de la 3e puissance du binôme $(a+b)$, savoir : $a^3+3a^2b+3ab^2+b^3$. Les valeurs des deux premiers termes a^3 et $3a^2b$ sont l'expression de la probabilité en faveur de A. Les valeurs des deux derniers termes $3ab^2$ et b^3 sont l'expression de la probabilité en faveur de B; et faisant dans ces termes $a=2$, $b=1$, il vient $a^3+3a^2b=8+12=20$; $3ab^2+b^3=6+1=7$. Ainsi les probabilités de gagner cette partie sont en faveur de A et de B dans le rapport de $20:7$, rapport approché de $3:1$.

Si la partie se joue en 3 points, le gain se décidera en 5 coups dont les résultats sont $a^5+5a^4b+10a^3b^2+10a^2b^3+5ab^4+b^5$. Les valeurs des termes $a^5+5a^4b+10a^3b^2$ sont l'expression de la probabilité en faveur de A. Les valeurs des termes $10a^2b^3+5ab^4+b^5$ sont l'expression de la probabilité en faveur de B. Or $a^5+5a^4b+10a^3b^2=32+80+80=192$, et $10a^2b^3+5ab^4b^5+b^5=40+10+1=51$, ainsi les probabilités en faveur de A et de B sont dans le rapport de $192:51$, rapport approché de $4:1$.

Si la partie se jouait en 4 points, les probabilités en faveur de A et de B seraient dans le rapport de $1808:379$.

Si l'on jouait en quatre parties liées de 4 points, les

probabilités en faveur de A et de B étant à chaque partie dans le rapport de 1808:379, dans la 7e puissance du binôme $(a+b)$ on ferait $a=$1808, $b=$379, et dans la partie liée les probabilités en faveur de A et de B seraient dans le rapport de 104664:1997.

Définition.

Il y a une seconde espèce de partie. Elle est aussi en 4 points ; mais si dans les six 1ers coups les joueurs sont arrivés à égalité de points, la partie n'est plus terminée que lorsqu'un des joueurs a acquis sur son adversaire l'avantage de 2 points. Dans cette 2e espèce de partie le nombre des coups dans lesquels elle doit se terminer est indéfini.

PROBLÈME 7.

Dans une partie de 2e espèce déterminer les probabilités dans les différentes positions de la partie.

1°. En commençant la partie, où à égalité de points, les chances sont égales, la probabilité a pour expression $\frac{1}{2}$.

2°. Le 1er coup joué et gagné par B dans les 6 coups qui suivent, leurs différents résultats au nombre de 64 sont représentés par

$$a^6+6a^5b+15a^4b^2+20a^3b^3+15a^2b^4+6ab^5+b^6.$$

Par les résultats b^6, $6ab^5$ et $15a^2b^4$, le gain de la partie se trouve acquis à B, ce qui lui donne une probabilité exprimée par $^{22}/_{64}$.

Les 10 permutations de la combinaison a^3b^3, dans lesquelles a occupe la dernière place, donnent à B le gain de la partie à cause du point qui lui est déjà acquis, et la probabilité $^{10}/_{64}$.

Les 10 permutations de cette même combinaison, dans lesquelles b occupe la dernière place, mettent B dans la position où il a sur A l'avantage d'un point, et lui donnent la probabilité $^{10}/_{64} \times ^1/_2 \times 1 + ^{10}/_{64}.^1/_2.^1/_2$ ou $^{10}/_{64} \times ^3/_4$.

Les 10 permutations de la combinaison a^4b^2, dans lesquelles a occupe la dernière place, mettent B dans la position ou A a sur lui l'avantage d'un point, et lui laissent la probabilité $^{10}/_{64} \times ^1/_2 \times ^1/_2$ ou $^{10}/_{64} \times ^1/_4$.

La somme de toutes ces probabilités en faveur de B est

$$^{22}/_{64} + ^{10}/_{64} + ^{10}/_{64} \times ^3/_4 + ^{10}/_{64} \times ^1/_4 \text{ ou } ^{42}/_{64}.$$

La probabilité pour A sera $^{22}/_{64}$.

3°. Les deux 1ers coups ont été gagnés par B. Dans les 5 coups qui suivent, les résultats au nombre de 32 sont représentés par

$$a^5 + 5a^4b + 10a^3b^2 + 10a^2b^3 + 5ab^4 + b^5.$$

Par les résultats b^5, $5ab^4$, $10a^2b^3$ le gain de la partie est acquis à B ; ce qui lui donne une probabilité exprimée par $^{16}/_{32}$.

Les 6 permutations de la combinaison a^3b^2, dans lesquelles a occupe la dernière place, donneront à B le gain de la partie et la probabilité $^6/_{32}$.

Les 4 permutations de la même combinaison, dans lesquelles b occupe la dernière place, mettent la partie dans la position où B a sur A l'avantage d'un point et donnent à B la probabilité $^4/_{32} \times {}^3/_4$.

Les 4 permutations de la combinaison a^4b, dans lesquelles a occupe la dernière place, mettent la partie dans la position où A a sur B l'avantage d'un point et donnent à B la probabilité $^4/_{32} \times {}^1/_4$.

La somme de toutes ces probabilités en faveur de B est

$$^{16}/_{32} + {}^6/_{32} + {}^4/_{32} \times {}^3/_4 + {}^4/_{32} \times {}^1/_4 \text{ ou } {}^{26}/_{32}.$$

La probabilité pour A sera $^6/_{32}$.

4°. Les 3 premiers coups ont été gagnés par B. Dans les 4 coups qui suivent, les résultats au nombre de 16 sont représentés par

$$a^4 + 4a^3b + 6a^2b^2 \times 4ab^3 + b^4.$$

Les résultats b^4, $4ab^3$, $6a^2b^2$ donnent à B le gain de la partie et la probabilité $^{11}/_{16}$.

Les 3 permutations de la combinaison a^3b, dans lesquelles a occupe la dernière place, donneront à B le gain de la partie et la probabilité $^3/_{16}$.

La permutation où b occupe la dernière place, met la partie dans la position où B a sur A l'avantage du point et donne à B la probabilité $^1/_{16} \times {}^3/_4$.

Le résultat a^4 met la partie dans la position où A a sur B l'avantage du point et donne à B la probabilité $\frac{1}{16} \times \frac{1}{4}$.

La somme des probabilités en faveur de B est donc

$$\frac{11}{16} + \frac{3}{16} + \frac{1}{16} + \frac{3}{4} + \frac{1}{16} \times \frac{1}{4} \text{ ou } \frac{15}{16}.$$

La probabilité pour A sera $\frac{1}{16}$.

5°. Dans les trois 1ers coups B en a gagné 2, A en a gagné 1. Dans les 4 coups suivants

Les résultats b^4, $4ab^3$ donnent à B le gain de la partie et la probabilité $\frac{5}{16}$.

Les 3 permutations de la combinaison a^2b^2, dans laquelle a occupe la dernière place, donnent à B le gain de la partie et la probabilité $\frac{3}{16}$.

Les 3 autres où b occupe la dernière place, donnent à B la probabilité $\frac{3}{16} \times \frac{3}{4}$.

Les 3 permutations de la combinaison a^3b, dans lesquelles a occupe la dernière place, donnent à B la probabilité $\frac{3}{16} \times \frac{1}{4}$.

La somme des probabilités en faveur de B est donc

$$\frac{5}{16} + \frac{3}{16} + \frac{3}{16} + \frac{3}{4} + \frac{3}{16} \times \frac{1}{4} \text{ ou } \frac{11}{16}.$$

La probabilité pour A sera $\frac{5}{16}$.

6°. Dans les quatre 1ers coups, B en a gagné 3, A en a gagné 1. Dans les 3 coups suivants

Les résultats b^3, $3ab^2$ donnent à B le gain de la partie et la probabilité $\frac{4}{8}$.

Les 2 permutations de la combinaison a^2b, dans lesquelles a occupe la dernière place, donnent à B le gain de la partie et la probabilité $\frac{2}{8}$.

Celle où b occupe la dernière place, donne à B la probabilité $^1/_8 \times ^3/_4$,

Le résultat a^5 donne à B la probabilité $^1/_8 \times ^1/_4$.

La somme de ces probabilités en faveur de B est donc

$$^4/_8 + ^2/_8 + ^1/_8 \times ^5/_4 + ^{14}/_8 + ^1/_4 \text{ ou } ^7/_8.$$

La probabilité pour A sera $^1/_8$.

7°. Enfin, dans les cinq 1ers coups, B en gagné 3, A en a gagné 2. Dans les 2 coups suivants,

Le résultat b^2 donne à B le gain de la partie et la probabilité $^1/_4$.

La permutation ba donne à B le gain de la partie et la probabilité $^1/_4$.

La permutation ab donne à B la probabilité $^1/_4 \times ^3/_4$.

Le résultat a^2 lui donne la probabilité $^1/_4 \times ^1/_4$.

La somme des probabilités en faveur de B est donc

$$^1/_4 + ^1/_4 + ^1/_4 \times ^3/_4 + ^1/_4 \times ^1/_4 \text{ ou } ^3/_4.$$

La probabilité pour A sera $^1/_4$.

COROLLAIRE.

Dans les 2 problèmes précédents on a obtenu les mêmes probabilités dans les positions semblables des deux espèces de parties.

LEMME 3.

Nous appellerons parties simples les parties en plusieurs points. On joue quelquefois en partie liée, de plusieurs parties simples. Il y a également des parties liées de deux espèces, comme dans les parties simples : dans des positions analogues d'une partie liée et des points d'une partie simple, les probabilités seraient les mêmes, lorsque dans la partie simple les joueurs ne se font aucun avantage.

PROBLÉME 8.

Dans une partie liée en quatre parties simples de 4 points, A a gagné 3 parties simples, B en a gagné 1. Dans la 5ᵉ partie qui se joue, B a 2 points, A n'a rien. Dans cette position déterminer les probabilités.

Dans la partie simple qui se joue, par les problèmes 6 et 7, nombres 3, la probabilité pour B a pour expression $\frac{13}{16}$.

Le gain de la partie simple qui se joue, place B dans la position où A a sur lui l'avantage d'une partie dans la partie liée, position dans laquelle la probabilité en faveur de B (*Probl. 6 et 7, nombre 7, et lem. 3*) a pour expression $\frac{1}{4}$.

Donc (*Théorème 1ᵉʳ*), la probabilité du gain de la partie liée en faveur de B a pour expression $\frac{13}{16} \times \frac{1}{4}$ ou $\frac{13}{64}$. et (*Théor. 4, corol.*) la probabilité en faveur de A est $\frac{51}{64}$.

LEMME 4.

Dans une partie liée de seconde espèce, en quatre parties simples qui se jouent en 4 points et où l'un des joueurs fait à l'autre l'avantage d'un point à toutes les parties simples, déterminer les probabilités dans la position de la partie liée où les joueurs se trouvent à égalité de parties simples.

Les résultats des deux parties suivantes sont ab, ba, a^2, b^2. Les deux résultats ab et ba laissant les joueurs dans leur même position, nous n'avons à nous occuper que des résultats a^2 et b^2. Or, comme ici A fait à B l'avantage d'un point, les probabilités dans la partie simple sont en faveur de A $^{22}/_{64}$, en faveur de B $^{42}/_{64}$; et dans deux parties la probabilité du résultat a^2 est $^{22}/_{64} \times ^{22}/_{64} = 0,11815$, du résultat b^2 est $^{42}/_{64} \times ^{42}/_{64} = 0,43065$. Ainsi les probabilités en faveur de A et de B sont dans le rapport $0,11815 : 0,48065$ (1).

---

(1) Bien que le nombre des parties simples dans lequel la partie liée sera terminée, ne soit pas limité, il n'y en a pas moins certitude que l'un des joueurs finira par gagner la partie liée. On tirerait de là la conséquence que la somme des probabilités en faveur de l'un et de l'autre joueur doit être égale à l'unité. Cependant ici la somme de ces probabilités est $0,11815 + 0,43065 = 0,54880$. Voici comme la chose s'explique :

La partie simple a pour éléments les résultats d'un coup, résultats soumis au hasard, mais avec des chances

COROLLAIRE.

Dans cette autre position de la partie liée, où A aurait

---

que l'on a supposées égales pour les deux joueurs, de manière que ces chances sont dans la partie simple des unités communes.

La partie liée a pour éléments les résultats de parties simples, résultats soumis au hasard, mais dont les chances ne se trouvent point égales pour les joueurs à raison de l'avantage d'un point que l'un des joueurs fait à l'autre et que l'autre reçoit de lui. Ainsi ces chances dans la partie liée sont des unités différentes dont les valeurs sont $^{42}/_{64}$ et $^{22}/_{64}$.

Prenant pour base ces valeurs des chances des joueurs dans une partie liée, on a déterminé séparément l'expression des probabilités du gain de cette partie liée en faveur de l'un des joueurs et en faveur de l'autre. Ce que l'on a obtenu par là n'est pas autre chose que le rapport de ces probabilités.

Il sera du reste facile de substituer à ce rapport un autre rapport qui lui soit égal, et qui en même temps satisfasse à cette condition que la somme de ses deux termes soit égale à l'unité.

Les deux termes du rapport trouvé étant $0,11815$ et $0,43075$, on prendra deux inconnues x et y, on fera cette proportion $x:y::0,11815:0,43075$ et cette équation $x+y=1$. Prenant dans cette proportion la valeur de x, il vient $x = 11815y:43075$, substituant dans l'équation cette valeur de x il vient $11815y:43075+y=1$, d'où l'on tire $y=43075:54890$. Opérant la division dans ces valeurs de y et de x il vient $y=0,7848$, $x=0,2152$ et les probabilités sont comme les nombres $0,7848$ et $0,2152$ dont la somme est l'unité.

l'avantage d'une partie simple, les résultats de la partie suivante sont a ou b, les probabilités de ces résultats $^{22}/_{64}$ et $^{42}/_{64}$. A gagne la partie liée par l'éventualité a de la partie simple. L'autre éventualité de cette partie b met les joueurs à égalité de parties simples, position dans laquelle nous venons de déterminer les probabilités. Ainsi A par ces deux éventualités a la probabilité $^{22}/_{64} \times 1 + {}^{42}/_{64} \times 0,11815 = 0,42129$. B a par l'éventualité b la probabilité $^{42}/_{64} \times 0,43065 = 0,28262$.

B ayant l'avantage on trouverait de même que les probabilités sont en faveur de B $^{42}/_{64} \times 1 + {}^{22}/_{64} \times 0,43065 = 0,80429$, et en faveur de A $^{22}/_{64} \times 0,11815 = 0,04062$.

PROBLÈME 9.

Dans une partie liée en quatre parties simples de 4 points, A fait à B l'avantage d'un point à toutes les parties simples.

Cet avantage place B dans la même position que si, à toutes les parties simples qui se joueront, il avait gagné le 1ᵉʳ coup.

Or (*Probl.* 6 *et* 7, *nombre* 2), dans cette position à toutes les parties simples, la probabilité du gain de la partie simple serait pour B $^{21}/_{32}$, pour A $^{11}/_{32}$. D'un autre côté, toutes les positions dans lesquelles les joueurs peuvent se trouver dans le cours de la partie liée se rencontreront dans les sept 1ʳᵉˢ parties simples. Les résultats de ces sept parties sont représentés par $a^7 + 7a^6 b + 21a^5 b^2$ $+ 35a^4 b^3 + 35a^3 b_4 + 21a^2 b^5 + 7ab^6 + b^7$. Dans cette puissance du binome $(a+b)$, nous ferons $a = {}^{11}/_{32}$, $b = {}^{21}/_{32}$.

Dans les sept 1res parties simples, le gain de la partie liée est acquis à l'un des joueurs par les résultats a^7, b^7, $7a^6 b$, $7ab^6$, $21a^5 b^2$, $21a^2 b^5$. Dans le terme $35a^4 b^3$ les permutations de la combinaison $a^4 b^3$ où la lettre b occupe la dernière place, donnent le gain de la partie liée au joueur A, les permutations où la lettre a occupe cette dernière place lui donnent seulement l'avantage d'une partie simple.

Il en est de même à l'égard de B dans le terme $35a^3 b^4$.

Or, dans la combinaison $a^4 b^3$ on aura le nombre des permutations où la lettre b occupe la dernière place, en prenant le nombre des permutations de la combinaison $a^4 b^2$ des six autres lettres, nombre qui a pour expression $\frac{6}{1} \times \frac{5}{2} \times \frac{4}{3} \times \frac{3}{4} \times \frac{2}{1} \times \frac{1}{2} = 15$. On aura le nombre des permutations où la lettre a occupe la dernière place en prenant le nombre des permutations de la combinaison $a^3 b^3$ des six autres lettres, lequel a pour expression $\frac{6}{1} \times \frac{5}{2} \times \frac{4}{3} \times \frac{3}{1} \times \frac{2}{2} \times \frac{1}{3} = 20$.

Le terme $35a^4 b^3$ se trouvera ainsi partagé en deux termes; l'un $15a^4 b^3$ qui donne le gain de la partie liée au joueur A, l'autre $20b^3 a^4$ qui lui donne seulement l'avantage d'une partie simple.

Le terme $35a^3 b^4$ se partagera de même en deux termes $15b^4 a^3$ et $20a^3 b^4$, dont l'un donne à B le gain de la partie liée, l'autre l'avantage d'une partie simple.

La probabilité pour A en se mettant au jeu, a pour expression la somme des valeurs des termes $a^7 + 7a^6b + 21a^5b_2 + 15a^4b^3 + 20b^5a^4 \times 0{,}42129 + 20a^5b^4 \times 0{,}04062$ (*Cor. précédent.*), dans laquelle substituant pour a et pour b leurs valeurs $\frac{42}{64}$ et $\frac{22}{64}$, on aura pour expression de la probabilité en faveur de A, 0,14966.

Pour B la probabilité est la somme des valeurs des termes $b^7 + 7ab^6 + 21a^2b^5 + 15b^4a^3 + 20a^5b^4 \times 0{,}80429 + 20b^5a^4 \times 0{,}28262 = 0{,}73393$.

Ainsi en commençant la partie, les probabilités en faveur de A et de B sont dans le rapport de 14966 à 73393.

PROBLÈME 10.

Dans la même partie liée, **A** fait à **B** l'avantage d'un demi-point, c'est-à-dire d'un point à toutes les parties simples impaires. Les parties simples paires se jouent à but.

Les résultats des sept 1res parties simples dans lesquelles la partie liée peut être terminée, sont représentés par les termes de la septième puissance du binome $a + b$, et il y a quatre places impaires et trois places paires dans la combinaison des lettres de la racine qui entrent dans la composition d'un terme. Aux places impaires, on désignera a et b par a' et b', aux places paires, par a'' et b''. Les valeurs de a' et de b' sont $\frac{42}{64}$ et $\frac{22}{64}$. Les valeurs de a'' et de b'' sont $\frac{1}{2}$.

Dans le terme ainsi transformé, la somme de exposants de a' et de b' est 4, de a'' et de b'' est 3. On ne peut, sans changer la valeur de la lettre et altérer la valeur du terme, transporter a' ou b' à une place paire, ni a'' ou b'' à une place impaire. Ainsi le nombre des permutations dans la combinaison du terme transformé où son coëfficient a pour expression le produit du nombre des permutations des lettres a' et b' par le nombre des permutations des lettres a'' et b''.

Cela posé, les termes a^7 et b^7 seront transformés en $a'^4 a''^3$, $b'^4 b''^3$ qui auront pour coëfficient $\frac{4}{1} \times \frac{3}{2} \times \frac{2}{3} \times \frac{1}{4} \times \frac{3}{1} \times \frac{2}{2} \times \frac{1}{3} = 1$.

Le terme $7a^6 b$, dans lequel la lettre b peut occuper une des places paires ou une des places impaires, se transformera en deux termes $3a'^4 a''^2 b'' + 4a'^3 b' a''^3$. Et le terme $7ab^6$ en $3b'^4 a'' b''^2 + 4b'^3 a' b''^3$.

Le terme $21a^5 b^2$ dans lequel la lettre b peut occuper ou deux places paires, ou deux places impaires, ou une place paire et une place impaire, se transformera en trois termes $6a'^2 b'^2 a''^3 + 12a'^3 b' a''^2 b'' + 3a'^4 a'' b''^2$. Et le terme $21a^2 b^5$ en $6a'^2 b'^2 b''^3 + 12a' b'^3 a'' b''^2 + 3b'^4 a''^2 b''$.

Le terme $35a^4 b^3$ se transformera dans les quatre termes $a'^4 b''^3 + 4a' b'^3 a''^3 + 12a'^3 b' a''^2 b'' + 18a^2 b'^2 a''^2 b''$ et le terme $35a^3 b^4$, dans les quatre termes $b'^4 a''^3 + 4a'^3 b' b''^3 + 12 a' b'^3 a''^2 b'' + 18a'^2 b'^2 a'' b''^2$. Dans les permutations de ces huit termes, les unes décideraient du gain de la partie liée, les autres donneraient seulement l'avantage à l'un des joueurs. L'un ou l'autre de ces résultats dépend de celles des lettres a' ou b' à laquelle on assignera la dernière place dans la combinaison des lettres dont le terme se compose. Il y a donc lieu de partager ce terme lui-même en deux termes, l'un dans lequel la dernière place sera assignée à la lettre a', l'autre dans lequel elle sera assignée à la lettre b'. Dès lors dans ces deux termes on ne peut plus permuter que les six premières lettres. On prendra donc séparément dans la combinaison des six premières lettres de chacun de ces deux termes, le nombre des permutations des lettres a' et b' et le nombre des permutations des lettres a'' et b''. Et l'on donnera pour coëfficient à chacun de ces deux termes le produit de ces deux nombres.

Pour faire le partage de chacun de ces huit termes en deux termes, on va les passer successivement en revue.

Le terme $a'^4 b''^3$ et le terme $b'^4 a''^3$ ne sont pas susceptibles de partage, la dernière place étant nécessairement occupée dans l'un par la lettre a', dans l'autre par la lettre b'.

Le terme $4a'^3 b' b''^3$ et le terme $4a' b'^3 a''^3$ où la dernière place peut être occupée soit par la lettre a' soit par la lettre b', se partageront l'un dans les deux termes $3a'^2 b' b''^3 a'$ et $a'^3 b''^3 b'$, l'autre $3a' b'^2 a''^3 b'$ et $b'^3 a''^3 a'$.

Le terme $12a'^3 b' a'' b''^2$ et le terme $12a' b'^3 a''^2 b''$ se partageront l'un dans les deux termes $3a'^3 a'' b''^2 b'$, $9a'^2 b' a''$

b''^2a', l'autre dans les deux termes $3b^3a'''^2b''a'$ et $9a'b'^2$ $a''^2b''b'$.

Enfin le terme $18a'^2b'^2a''^2b''$ et le terme $18a'^2b'^2a''b''^2$ se partageront en deux termes, l'un $9a'b'^2a''b''^2a'$ et $9a'^2b'a''b'''^2b'$. L'autre dans les deux termes $9a'^2b'a''^2b''b'$ et $9a'b'\ a''b''_2a'$.

Lorsque les résultats de sept 1ʳᵉˢ parties simples donnent seulement à l'un des joueurs l'avantage d'une partie simple, la partie liée se continue.

Le résultat de la partie suivante peut mettre les joueurs à égalité de parties simples, position dans laquelle le gain de la partie liée ne peut plus se décider qu'en deux parties.

Alors pour décider du gain de la partie liée, les deux parties simples consécutives doivent avoir l'un de ces deux résultats $a''a'$ ou $b''b'$, la probabilité du 1ᵉʳ est $\frac{1}{2} \times \frac{22}{64} = \frac{11}{64}$. La probabilité du second est $\frac{1}{2} \times \frac{42}{64} = \frac{21}{64}$. Ainsi à égalité de parties simples les probabilités du gain de la partie liée sont en faveur de A $\frac{11}{64}$, et en faveur de B $\frac{21}{64}$.

Lorsque par les résultats de toutes les parties simples jouées, l'un des joueurs a l'avantage d'une partie simple, la partie suivante sera une partie paire. Elle aura pour résultat a'' ou b'', la probabilité de l'un comme de l'autre de ces deux résultats est $\frac{1}{2}$. L'un donnerait le gain de la partie liée au joueur qui avait l'avantage, l'autre mettra les joueurs à égalité de parties simples.

Revenons au cas où les résultats des sept 1res parties simples donnent à l'un des joueurs l'avantage d'une partie simple.

Soit A qui ait l'avantage. Le résultat a'' lui donnera le gain de la partie liée, le résultat b'' lui laissera l'expectative $\frac{11}{64}$, en même temps qu'il donnera à B l'expectative $\frac{21}{64}$. Ainsi A ayant l'avantage, les probabilités du gain de la partie liée seront pour A $\frac{1}{2}+\frac{1}{2}\times\frac{11}{64}=\frac{75}{128}$. Pour B, $\frac{1}{2}\times\frac{21}{64}=\frac{21}{128}$.

Soit B qui ait l'avantage, on trouvera de même que les probabilités sont pour B $\frac{1}{2}+\frac{1}{2}\times\frac{21}{64}=\frac{85}{128}$, pour A $\frac{1}{2}\times\frac{11}{64}=\frac{11}{128}$.

La solution du problème proposé en est arrivée au point qu'il ne reste plus à faire que de simples calculs dont tous les éléments sont déterminés.

1°. Substituer pour a', b', a'' et b'' leurs valeurs.

2°. Prendre la somme des valeurs de tous les termes qui décident le gain de la partie liée en faveur de A.

3°. Faire la même chose à l'égard de B.

4°. Prendre la somme des valeurs de tous les termes qui donnent l'avantage au joueur A, multiplier cette somme par $\frac{75}{128}$ et ajouter ce produit à la somme des valeurs des termes qui lui donnent le gain de la partie liée.

5°. Multiplier la somme des valeurs des termes qui donnent à A l'avantage, par le facteur $\frac{21}{128}$ et ajouter ce produit à la somme des valeurs des termes qui donnent à B le gain de la partie liée.

6°. Prendre la somme des valeurs des termes qui donnent à B l'avantage, la multiplier par $^{85}/_{128}$ et ajouter ce produit à la somme des valeurs des termes qui lui donnent le gain de la partie liée.

7°. Enfin multiplier la somme des valeurs des termes qui donnent à B l'avantage par $^{11}/_{128}$ et ajouter ce produit à l'expression de la probabilité en faveur de A.

Ces opérations donneront les deux nombres qui, en commençant la partie, sont l'expression du rapport des probabilités du gain de la partie liée pour A et pour B.

Définition.

Une bisque est l'avantage de pouvoir prendre à sa volonté un point dans une des parties simples dont se compose une partie liée.

LEMME 4.

Celui qui reçoit une bisque a deux manières de gagner une partie simple, en plaçant sa bisque ou en se la conservant pour les parties suivantes. Pour la placer, son jeu est d'attendre une position de la partie simple où sa bisque décidera en sa faveur le gain de la partie. Autrement, ou il s'ôterait des chances pour gagner cette partie, en conservant son avantage pour les parties suivantes, ou il courrait le risque de la perdre après avoir usé inutilement sa bisque.

LEMME 5.

Dans la partie simple en quatre points, toutes les positions de la partie se rencontrent dans les sept 1ers coups, dont les résultats sont représentés par la septième puissance du binome $(a+b)$, savoir : . . . .

$$a^7+7a^6b+21a^5b^2+35a^4b^3+35a^3b^4+21a^2b^5+7ab^6+b^7$$

Lorsque B reçoit une bisque, nous distinguerons dans ces résultats ceux qui lui donnent le gain de la partie, sans faire emploi de sa bisque, de ceux qui ne le lui donnent que par l'emploi de sa bisque. Nous ajouterons à l'expression de la probabilité des premiers la lettre k; des seconds, la lettre i; k et i ne sont là que de simples signes indicateurs et sans valeur.

Dans cette puissance, le nombre des permutations est 2^7 ou 128. Les résultats b^7, $7ab^6$, $21a^2b^5$ et les quinze permutations de la combinaison $a^3\,b^4$, dans lesquelles a occupe la dernière place, donnent à B le gain de la partie sans faire emploi de sa bisque, et la probabilité

$$^1/_{128} \times {}^7/_{128}+{}^{21}/_{128}+{}^{15}/_{128}={}^{44}/_{128}\ (k).$$

De plus, mais en faisant emploi de sa bisque, les vingt permutations de la combinaison a^3b^4, dans lesquelles b occupe la dernière place, et les dix permutations de la combinaison a^4b^3, dans lesquelles a occupe es deux dernières places, donnent à B le gain de la partie et la probabilité

$$^{20}/_{128}+{}^{10}/_{128}={}^{30}/_{128}\ (i).$$

COROLLAIRE.

Dans la partie simple, tant que B conserve sa bisque, la probabilité a pour expression en sa faveur, $^{74}/_{128}$ en faveur de A $^{54}/_{128}$ (*Théor.* 4 , *cor.*).

Après que la bisque a été prise, cette probabilité pour B comme pour A, est $^{1}/_{2}$.

LEMME 6.

Tant que B a conservé sa bisque, il y a dans la partié simple ces trois éventualités : B peut la perdre, il peut la gagner sans faire emploi de sa bisque, la gagner en faisant emploi de sa bisque. Nous les distinguerons par les lettres h, f et g.

Dans une partie liée en un nombre n de parties simples, toutes les positions dans lesquelles les joueurs peuvent se trouver dans le cours de la partie liée sont représentées par la puissance n du trinome $(f+g+h)$. Mais il faudra en éliminer tous les termes où l'exposant de g serait plus grand que le nombre de bisques donné à B.

Après que la bisque a été prise, ces trois éventualités se réduisent aux deux éventualités f et h.

LEMME 7.

Par l'emploi de sa bisque, B décide en sa faveur le gain d'une partie simple que A aurait encore eu la chance de gagner. Cet avantage est en dehors et indépendant de la chance égale qu'ont A et B de gagner toute partie simple. Donc, dans la partie liée, le théorème 4 et son corollaire ne peuvent avoir leur application, et cette partie entre dans l'exception du lemme 2.

LEMME 8.

La bisque prise dans la partie liée de deuxième espèce, chaque fois que dans le cours de la partie les joueurs se trouveront à égalité de parties simples, la probabilité sera $\frac{1}{2}$ pour l'un et pour l'autre.

LEMME 9.

B ayant une bisque à placer, chaque fois que dans la partie liée les joueurs se trouveront à égalité de parties simples, de manière que la partie liée pourrait être terminée en deux parties, on déterminera dans cette position les probabilités comme il suit :

Les résultats des deux parties simples suivantes sont représentés par $f^2+g^2+h^2+2fh+2fg+2gh$.

On écartera le terme g^2 dans lequel l'exposant de g est plus grand que l'unité (*lemme* 6).

Les résultats $2fh$ laissant les joueurs aux parties qui suivront dans la même position, sont comme non avenus.

Il n'y a pas non plus à tenir compte du résultat f^2 par la considération suivante.

Après avoir gagné par le résultat f la première des

deux parties simples dans lesquelles la partie liée peut se terminer, avant de gagner la seconde par le même résultat f, B aurait décidé en sa faveur le gain de cette seconde partie simple et le gain de la partie liée en faisant emploi de sa bisque. S'il prolonge cette seconde partie simple, il s'expose inutilement à la perdre par l'éventualité h. En la perdant la partie liée se trouve engagée de nouveau, et il en compromettrait le gain qui déjà lui était acquis.

Nous n'avons donc à tenir compte dans les deux parties suivantes que des résultats gh, hg, fg, gf et hh.

Par les résultats gh et hg, les joueurs restent à égalité de parties simples. Mais B ayant fait emploi de sa bisque dans l'une de ces deux parties, la position des joueurs est changée et ils se trouvent dans la position du lemme 8, où la probabilité du gain d'une partie simple comme de la partie liée devient $\frac{1}{2}$ pour l'un et pour l'autre. Or les résultats gh et hg ont pour expression de leurs probabilités, savoir : gh, $\frac{74}{128} \times \frac{1}{2} = 0{,}28906$, hg, $\frac{54}{128} \times \frac{74}{128} = 0{,}24379$. L'un et l'autre donnent dans la partie liée à chaque joueur l'expectative $\frac{1}{2}$, ainsi par l'un ou par l'autre de ces deux résultats la probabilité du gain de la partie liée est pour A comme pour B $(0{,}28906 + 0{,}24779) \times \frac{1}{2} = 0{,}26642$.

Les résultats fg et gf qui donnent à B le gain de la partie liée ont pour expression de leur probabilité, fg, $\frac{44}{128} \times \frac{74}{128} = 0{,}19873$, gf, $\frac{74}{128} \times \frac{1}{2} = 0{,}28906$. La probabilité pour B de gagner la partie par l'un ou par l'autre de ces deux résultats est $0,19873 + 0,28906 = 0,48779$.

Pour A la probabilité de gagner la partie liée par le résultat hh a pour expression $^{54}/_{128} \times {}^{54}/_{128} = 0,05944$.

En résumé, dans la position de la partie liée où B a une bisque et où les joueurs sont à égalité de parties simples, les probabilités du gain de la partie liée sont en faveur de B et en faveur de A, dans le rapport de $0,26612 + 0,48779$ à $0,26612 + 0,05944$, ou de $0,74391$ à $0,32556$.

LEMME 10.

Après que B a fait emploi de sa bisque, dans la position de la partie liée où l'un des joueurs a l'avantage d'une partie simple, la probabilité du gain de la partie liée pour lui sera $^3/_4$, pour son adversaire $^1/_4$.

LEMME 11.

B a une bisque et l'avantage d'une partie simple. Les résultats de la partie suivante en ne tenant pas compte du résultat f, font g et h.

Pour B la probabilité de gagner la partie liée par le résultat g est $^{74}/_{128} = 0,57813$.

La probabilité du résultat h est $^{54}/_{128}$. Il ramène les joueurs à égalité de parties simples, la probabilité du gain de la partie liée par le résultat h de la partie simple est (*Lem.* 9) pour B $^5/_{128} \times 0,74291 = 0,31384$, pour A $^{54}/_{128} \times 0,32556 = 0,13735$.

Ainsi dans la position où B a une bisque et l'avantage d'une partie simple, les probabilités du gain de la partie liée soit par le résultat g, soit par le résultat h, sont pour B et pour A dans le rapport de $0,57813 + 0,31384$ ou $0,89197$ à $0,13735$.

LEMME 12.

B a une bisque, A l'avantage d'une partie simple.

Dans cette position de la partie liée B gagnant la partie simple qui va commencer, les joueurs se trouveraient ramenés à égalité de parties. Or, B doit profiter de la chance de gagner cette partie par l'éventualité f afin de ménager sa bisque pour les deux parties subséquentes que le changement de position dans la partie liée rend nécessaires. On a donc ici à tenir compte des trois éventualités f, g et h.

Par l'éventualité f dans la partie simple qui va commencer, la probabilité du gain de la partie liée (*Lem.* 9) est pour B, $^{44}/_{128} \times 0,74391$, pour A, $^{44}/_{128} \times 0,32556$.

Par l'éventualité g de la partie simple la probabilité du gain de la partie liée (*Lem.* 8) sera pour B comme pour A $^{74}/_{128} \times ^1/_2$.

Par l'éventualité h de la partie simple, la probabilité du gain de la partie liée est pour A, $^{54}/_{128} \times 1$.

Ainsi par les trois éventualités f, g, h de la première partie simple, les probabilités du gain de la partie liée sont, pour A et pour B, dans le rapport de

$$\tfrac{44}{128} \times 0{,}32557 + \tfrac{74}{128} \times \tfrac{1}{2} + \tfrac{54}{128} \times 1 \text{ à } \tfrac{44}{128} \times 0{,}74391 +$$
$$\times \tfrac{74}{128} \times \tfrac{1}{2}$$

ou dans le rapport de 0,81279 à 0,54472.

PROBLÈME 11.

Dans une partie liée de seconde espèce et en quatre parties simples qui se jouent en 4 points, A fait à B l'avantage d'une bisque, déterminer les probabilités.

Toutes les positions où les joueurs peuvent se trouver dans le cours de la partie liée se rencontrent dans l'ensemble des résultats des sept premières parties simples et sont représentées par les termes de la septième puissance du trinome $f+g+h$, dans laquelle on écartera les termes où l'exposant de g serait plus grand que l'unité, ce qui réduira le développement de cette puissance aux termes suivants :

$$f^7 + 7f^6 h + 21\,f^5 h^2 + 35 f^4 h^3 + 21 f^2 h^5 + 7 f h^6 + h^7 + 7 f h^6 +$$
$$35 f^3 h^4 + 42 f^5 h g + 105 f^4 h^2 g + 140 f^3 h^3 g + 105 f^2 h^4 g + 42 f h^5 g$$
$$+ 7 h^6 g.$$

Il n'y a pas à tenir compte des termes f^7, $7f^6 g$, $21f^5 h$, par lesquels B se trouve gagner la partie liée par les seules éventualités f.

On partagera, comme il a été dit (*Prob.* 10), le terme $35 f^4 h^3$ en deux termes, l'un dans lequel la lettre h occupera la dernière place , l'autre dans lequel la lettre f occupera cette dernière place. Ces deux termes seront $15h^2f^4h$ et $20f^3h^3$. Il n'y a point à tenir compte du terme $15h^2f^4h$. Le terme $20f^3h^3$ donne à B l'avantage d'une partie simple et à chacun des joueurs une probabilité qui a été déterminée, lemme 11.

Le terme $35f^3h^4$ se partagera de même en deux termes l'un $15f^2h^4f$, l'autre $20h^3f^3h$. Le premier décide le gain de la partie en faveur de A; le second lui donne l'avantage d'une partie simple et donne à chacun des joueurs cette probabilité qui a été déterminée lemme 12.

Les termes $21f^2h^5$, $7fh^6$ et h^7 décident le gain de la partie en faveur de A.

Restent sept termes du développement de la puissance dans lesquels entre la lettre g, et où les valeurs de f et de g sont dépendantes de la place qu'elles occupent à l'égard de g, selon qu'elles précèdent cette lettre ou qu'elles sont à sa suite.

Il est donc nécessaire de faire dans ces termes primitifs la distinction des permutations dans lesquelles la lettre g occupe des places différentes.

Soit dans la combinaison d'un de ces termes primitifs n, le nombre des lettres f, le nombre des lettres h sera $6-n$.

Pour faire occuper successivement par la lettre g les différentes places de la combinaison du terme primitif désignant par m l'exposant de la combinaison des lettres

f et h qui précéderaient la lettre g dans la place qui lui serait assignée, on donnera successivement à l'exposant m les valeurs 0, 1, 2, 3, 4, 5 et 6 et l'on prendra les combinaisons de cet exposant m dont sont susceptibles deux lettres l'une au nombre de n, l'autre au nombre de $(6—n)$. On fera précéder la lettre g par chacune des combinaisons de l'exposant m, et à la suite de la lettre g on placera la combinaison de celles des lettres f et h qui ne se trouvent pas comprises dans la combinaison qui précède g. Enfin on appliquera à chacune de ces combinaisons un coëfficient qui sera le produit du nombre des permutations de la combinaison qui précède g par le nombre des permutations de la combinaison qui suit la lettre g.

On aura par ce moyen les différents termes dans lesquels le terme primitif doit être converti.

Prenons pour exemple le terme primitif $105f^4h^2g$. Ce terme dans lequel on a $n=4$, $6—n=2$, sera converti dans les 15 termes suivants :

$15f^4h^2g$, $5f^4hgh$, $10f^3h^2gf$, $8f^3hgfh$, f^4gh^2, $6f^2h^2gf^2$
$3fh^2gf^3$, $3f^3gfh^2$, $9f^2hgf^2h$, $6f^2gh^2f^2$, $8fhgf^3h$, h^2gf^4,
$10fgf\,h^3$, $5hgf^4h$, $15gf^4h^2$.

Le terme primitif ayant pour coëfficient le nombre des permutations de toutes les lettres qui le composent, la somme des coëfficients de tous les termes dans lesquels il est converti, sera nécessairement égale au coëfficient du terme primitif.

Les six autres termes primitifs donnent lieu aux observations suivantes :

Dans les convertis des termes primitifs $7f^6g$, $42f^5hg$ et $105f^4h^2g$ on ne tiendra pas compte de ceux où l'exposant de la lettre f est 4 ou plus grand que 4, dans la combinaison des lettres qui précèdent la lettre g.

Dans les convertis du terme primitif $105f^4h^2g$ il se trouvera huit termes, savoir :

$8h^3fgfh$, $3h^3gf^2h$, $9fh^2gfh^2$, $8fhgfh^3$, $6h^2gf^2h^3$, $10hgf^2h^3$, $5fgfh^4$, $15gf^2h^4$, qui donneraient au joueur A soit le gain de la partie liée, soit l'avantage d'une partie simple, selon que la dernière place de leurs combinaisons serait occupée ou par la lettre f ou par la lettre h. On partagera donc chacun de ces huit termes en deux termes, l'un dans lequel la dernière place sera occupée par la lettre f, l'autre dans lequel la dernière place sera occupée par la lettre h. On donnera à ces deux termes pour coëfficient le produit du nombre des permutations de la combinaison qui précède la lettre g par le nombre des permutations de la combinaison des lettres qui sont à la suite de la lettre g, en ne comprenant pas la dernière lettre de cette combinaison.

Dans les convertis du terme primitif $140f^3gh^3$ où il se trouve neuf termes : $12f^2h^2gfh$, $9f^2hgfh^2$, $9fh^2gf^2h$, $4f^2gfh^3$, $4h^2gf^3h$, $12fhgf^2h^2$, $10fgf^2h^3$, $10hgf^2h^3$, $20gf^3h^3$, qui donneraient à B soit le gain de la partie liée, soit l'avantage d'une partie simple selon que la dernière place de leur combinaison serait occupée ou par la lettre h ou par la lettre f; on partagera donc ces neuf termes en deux termes comme le précédent.

Dans les sept premières parties simples dont les termes primitifs $105f^2h^4g$ et $140f^5gh^3$ sont les résultats, B a fait emploi de sa bisque. Dans les termes convertis qui sans terminer la partie liée donnent seulement à l'un des joueurs l'avantage d'une partie simple, on appliquera le lemme 10 aux expectatives que ces termes laissent à l'un et à l'autre joueur.

La solution de ce problème se trouve parvenue au même point où nous avons quitté la solution du problème 10, il resterait encore à faire sept opérations analogues à celles indiquées à la fin du problème précédent. Les éléments de ces calculs sont différents dans ces deux problèmes. Mais ils sont donnés dans l'un et dans l'autre.

LEMME 13.

Dans les problèmes précédents le nombre des chances pour l'un et pour l'autre des joueurs en une partie, était la conséquence ou des règles du jeu ou des conventions particulières que les joueurs avaient faites. Le rapport des probabilités en faveur de l'un et de l'autre était déterminé *a priori* sur ces antécédents.

Mais dans les jeux où le gain dépend de l'adresse ou de l'habileté des joueurs dont la mesure n'est pas donnée, on manque de tous antécédents. Dans ces cas, on prendra pour expression du rapport des chances des joueurs en une partie, le rapport du nombre de celles gagnées par l'un des joueurs au nombre de celles gagnées par l'autre, obtenu par les résultats d'un grand nombre de parties.

Ces déterminations *a posteriori* ont pour base le théorème suivant.

THÉORÈME 6.

La probabilité d'obtenir un rapport approché dans une limite assignée du rapport vrai mais inconnu des chances des joueurs en une partie, deviendra plus grande chaque fois que l'on doublera le nombre des parties sur lesquelles l'épreuve se fait. Or, comme on peut doubler indéfiniment le nombre des parties, la probabilité d'obtenir ce rapport par leurs résultats, peut elle-même approcher aussi près qu'on voudra, de la certitude. Ainsi une détermination *a posteriori* de la probabilité peut avoir le même degré de certitude qu'une détermination *a priori*.

Ce théorème se démontrera à l'aide des lemmes suivants.

LEMME 14.

Dans les résultats de plusieurs parties, le nombre de celles gagnées par A ayant été au nombre de celles gagnées par B dans le rapport de g à h, si on suppose que les probabilités en faveur de A et de B en une partie sont

dans ce rapport de g à h. Pour que dans des parties suivantes le nombre de celles gagnées par A puisse être au
nombre de celles gagnées par B dans ce rapport de g à h,
il est indispensable que le nombre n des parties suivantes soit un multiple k de $(g+h)$.

LEMME 15.

Les différents résultats d'un nombre de parties n ou
$gk+hk$ seraient représentés par les différentes combinaisons des termes dans la puissance $(gk+hk)$ du binome
$(g+h)$; et le résultat dans lequel le nombre de parties
gagnées par A et le nombre de celles gagnées par B
seraient dans le rapport de g à h, serait représenté par le
terme de cette puissance dans lequel l'exposant de g est
gk et l'exposant de h est hk. La probabilité de ce résultat
aurait pour expression la valeur de ce terme.

LEMME 16.

Le terme de la puissance $(gk+hk)$ du binome $(g+h)$,
dans lequel les exposants de g et de h sont gk et hk
(terme que dans la suite nous désignerons par la lettre c)
a une valeur plus grande que le terme qui le précède,
dans lequel les exposants de g et de h sont $(gk+1)$ et
$(hk-1)$.

En effet, le terme c a pour expression $(1.2.3\ldots$

$[gk+hk] \times g^{hk} \times h^{gk}) : (1 . 2 . 3 \ldots gk \times 1 . 2 . 3 \ldots hk).$

Le terme qui le précède a pour expression $(1 . 2 . 3 \ldots \times (gk+hk) \times g^{gk} \times g \times h^{hk} \times h^{-1}) : (1 . 2 . 3 \ldots \times gk \times (gk+1) \times 1 . 2 \ldots \times (hk-1)$

Multipliant ces deux expressions par le facteur $^{hk}/_g$ et les divisant par le facteur commun $(1 . 2 \ldots \times (gk+hk) \, g^{gk} h^{hk}) : (1 . 2 \ldots \times gk \times 1 . 2 \ldots \times hk-1)$, elles se réduisent, la première à $^1/_1$, la seconde à $^{gk}/_{gk}+1$. Or, on a $^1/_1 > {}^{gk}/_{gk}+1$, donc le terme c a une valeur plus grande que le terme qui le précède.

LEMME 17.

Le même terme c a aussi une valeur plus grande que le terme qui le suit, dans lequel les exposants de g et de h sont $gk-1$ et $hk+1$. Nous avons ci-dessus l'expression du premier de ces deux termes, le second a pour expression,

$(1 . 2 \ldots \times (gk+hk) \times g^{gk} \times g^{-1} \times h^{hk} \times h) : (1 . 2 \ldots \times gk-1 \times 1 . 2 \ldots hk \times hk+1)$

multipliant ces deux expressions par le facteur $^{gk}/_h$ et les divisant par le facteur commun

$(1 . 2 \ldots \times gk+hk \times g^{gk} h^{hk}) : (1 . 2 \ldots \times (gk-1) \times 1 . 2 \ldots hk \times (hk+1)$, elles se réduiront, la première à $^1/_1$ la seconde à $hk : (hk+1)$. Or, on a $^1/_1 > hk : (hk+1)$, donc ce terme c a une valeur plus grande que le terme qui le suit.

LEMME 18.

Si à la gauche du terme c, en remontant vers le premier terme de la puissance, on prend deux termes consécutifs, le premier de ces deux termes a une valeur plus grande que le second.

Si le terme le plus rapproché du terme c a pour exposants $(gk+z)$ et $(hk-z)$, le terme qui le suit aura pour exposants $(gk+z+1)$ et $(hk-z-1)$. Le premier a pour expression $(1\times 2\ldots\times(gk+hk)\times g^{gk+z}\times h^{hk-z}):(1.2\ldots\times(gk+z)\times 1.2\ldots\times(hk-z-1\times hk-z)$.

Le second aura pour expression $(1.2\ldots\times(gk+hk)\times g^{gk+z}\times g\times h^{hk-z}h^{-1}):(1.2.3\ldots\times gk+z\times gk+z+1\times 1.2\ldots\times(hk-z-1)$; multipliant ces deux termes par $hk:g$, et les divisant par le facteur commun $(1.2.3\ldots\times(gk+hk)\times g^{gk+z}\times h^{hk-z}):(1.2.3\ldots\times(g+kz)\times 1.2.3\ldots\times(hk-z-1)$, ils se réduiront, le premier à $hk:(hk-z)$, le second à $gk:(gk+z+1)$. Or, on a $hk:(hk-z)>gk:gk+z+1$. Donc le terme le plus approché du terme c est celui des deux termes consécutifs qui a la plus grande valeur.

LEMME 19.

Si à la droite du terme c, en descendant vers le dernier terme de la puissance, on prend deux termes consécutifs, le premier aura une valeur plus grande que le second.

Le terme le plus approché de c ayant pour exposants

$(gk-z)$ et $(hk+z)$, le terme qui le suit, aura pour exposants $(gk-z-1)$ et $(hk+z+1)$. Prenant les expressions de ces deux termes, les multipliant par $gk:h$ et les divisant par le facteur commun $(1 \cdot 2 \cdot 3 \ldots \times (gh+hk) \times g^{gk-z} \times h^{hk+z}):(1 \cdot 2 \cdot 3 \ldots \times (gk-z-1) \times 1 \cdot 2 \cdot 3 \ldots (hk+z)$, elles se réduiront la première à $gk:(gk-z)$, la seconde à $hk:(hk+z+1)$. Or, on a $gk:(gk-z) > hk:(hk+z+1)$, d'où on concluera que le terme le plus approché de c est celui des deux termes consécutifs qui a la plus grande valeur.

COROLLAIRE.

Il suit des lemmes précédents que dans la puissance $(gk+hk)$ du binome $(g+h)$ le terme c est celui qui a la plus grande valeur.

Que, prenant à la droite et à la gauche du terme c un même nombre de termes, ces termes sont avec le terme c ceux de la puissance qui ont la plus grande valeur.

Que dans le développement de la puissance, la suite des termes à partir du premier jusqu'au terme c est une suite ascendante.

Que la suite des termes en remontant du dernier terme au terme c est une suite ascendante.

Qu'ainsi le développement de la puissance se compose de deux suites ascendantes séparées par le terme c.

LEMME 20.

Le terme de la puissance n ou $(gk+hk)$ du binome $(g+h)$ dans lequel les exposants de g et de h sont gk et hk, présente dans le nombre n de parties les résultats ou le nombre de celles gagnées par l'un des joueurs, est au nombre de celles gagnées par l'autre, dans le rapport des chances des joueurs en une partie.

Ce terme est précédé d'un terme dans lequel les exposants de g et de h sont $(gk+1)$ et $(hk-1)$. Il est suivi d'un terme dans lequel les exposants de g et de h sont $(gk-1)$ et $(hk+1)$. Ces deux termes présentent dans ce nombre n de parties, les résultats où le nombre de celles gagnées par l'un des joueurs et de celles gagnées par l'autre sont dans le rapport de $(gk+1) : (hk-1)$ et de $(gk-1) : (hk+1)$, rapports qui, dans un nombre n de parties, sont les plus approchés du rapport des chances des joueurs en une partie.

LEMME 21.

Dans le nombre de parties $2n$ ou $2gk+2hk$ se trouvent quatre résultats des nombres de parties gagnées par l'un des joueurs et gagnées par l'autre, lesquels sont renfermées dans la limite des rapports $gk+1$ à $hk-1$ et $gk-1$ à $hk+1$. Ces quatre termes sont ceux dans lesquels les exposants de g et de h sont

$$2gk+1 \text{ et } 2hk-1 , 2gk+2 \text{ et } 2hk-2$$

$$2gk-1 \text{ et } 2hk+1, \ 2gk-2 \text{ et } 2hk+2$$

Dans le nombre de parties $4n$ se trouvent huit résultats des parties gagnées par l'un des joueurs et gagnées par l'autre, qui sont renfermés dans la même limite. Ces résultats sont représentés par huit termes dans lesquels les exposants de g et de h sont

$$4gh+1 \text{ et } 4hk-1, \ 4gk+2 \text{ et } 4hk-2$$
$$4gk+3 \text{ et } 4hk-3, \ 4gk+4 \text{ et } 4hk-4$$
$$4gk-1 \text{ et } 4hk+1, \ 4gk-2 \text{ et } 4hk+2$$
$$4gk-3 \text{ et } 4hk+3, \ 4gk-4 \text{ et } 4hk+4$$

Généralement, chaque fois que l'on doublera le nombre des parties, on aura un nombre double de résultats renfermés dans la même limite.

COROLLAIRE.

Dans les suites ascendantes dont se composent les puissances successives n, $2n$, $4n$ du binôme $g+h$, si l'on fait deux parts des termes de ces suites, l'une composée des termes qui présentent les résultats renfermés dans la limite assignée, l'autre composée des résultats qui sortent de cette limite, il y aura toujours le même rapport entre les nombres des termes de ces deux parts, et ces suites seront partagées proportionnellement.

LEMME 22.

Dans les deux suites ascendantes dont se compose le

développement de la puissance n du binôme $(g+h)$, prenons celle qui a g^n pour premier terme et dans laquelle le nombre des termes est hk.

Dans les deux suites ascendantes du développement de la puissance $2n$, prenons également celle de ces deux suites qui a g^{2n} pour premier terme, et dans laquelle le nombre des termes est $2hk$.

Si dans l'une de ces suites nous prenons deux termes consécutifs, dans le rapport de ces deux termes, le conséquent sera le terme le plus approché du dernier terme de la suite.

Dans la suite ascendante de la puissance n, nous avons (*Lem.* 18) appelé z le nombre des termes dont le conséquent des deux termes consécutifs est suivi. Dans la suite ascendante de la puissance $2n$, nous avons appelé z' le nombre des termes dont le conséquent des deux termes consécutifs serait suivi.

Nous avons vu (*Lem.* 18) que dans deux termes de la suite ascendante qui se suivent, le terme le plus approché du dernier terme qui dans le rapport de deux termes consécutifs est le conséquent, était au terme qui le précède, lequel est l'antécédent, dans le rapport de ces deux termes consécutifs, comme

$$\frac{hk}{hk-z} : \frac{gk}{gk+z+1}$$

De là il suit que dans la suite ascendante le rapport de

deux termes consécutifs a pour expression

$$\frac{gk}{gk+z+1} : \frac{hk}{hk-1}$$

ou simplement

$$\frac{gk}{hk+z} : \frac{hk}{hk-z}$$

gk et hk étant par construction des nombres élevés.

Dans la suite ascendante de la puissance $2n$, on trouverait de même que le rapport de deux termes consécutifs a pour expression

$$\frac{2gk}{2gk+z'} : \frac{2hk}{2hk-z'}$$

LEMME 23.

Dans toute suite la raison de deux termes consécutifs ayant pour expression le conséquent de ces deux termes divisé par son antécédent, dans la suite de la puissance n la raison aura pour expression

$$\frac{hk}{hk-z} : \frac{gk}{gk+z} \quad \text{ou} \quad \frac{hk}{hk-z} \times \frac{gk+z}{gk}$$

Dans la suite de la puissance $2n$ la raison de deux termes consécutifs aura pour expression

$$\frac{2hk}{2hk-z'} \times \frac{2gk+z'}{2gk}$$

LEMME 24.

Ayant pris dans la suite ascendante de la puissance n un rapport de deux termes consécutifs, si l'on prend dans la suite de la puissance $2n$ le rapport des deux termes consécutifs dans lequel la distance du conséquent au dernier terme de la suite soit le double de la distance du conséquent au dernier terme de la suite, dans le rapport que l'on a pris dans la suite de la puissance n, les raisons de ces deux rapports seront comme

$$\frac{hk}{hk-z} \times \frac{gk+z}{gk} : \frac{2hk}{2hk-2z} \times \frac{2gk+2z}{2gk}$$

qui est un rapport d'égalité.

LEMME 25.

Dans la suite ascendante de la puissance $2n$ qui a pour premier terme g^{2n}, le nombre des termes est $2hk$, le nombre des rapports de deux termes consécutifs est aussi $2hk$.

Dans la suite ascendante de la puissance n qui a pour premier terme g^n le nombre des termes et le nombre des rapports de deux termes consécutifs sont hk ou la moitié de leur nombre dans la suite de la puissance $2n$.

Dans la suite de la puissance $2n$ prenons le rapport des deux termes dans lequel la distance de l'antécédent au dernier terme de la suite est $2z+1$, et la distance du conséquent au dernier terme de la suite est $2z$.

Dans la même suite, prenons le rapport des deux termes consécutifs qui suit immédiatement le rapport précédent. Dans ce second rapport la distance de son antécédent au dernier terme de la suite sera $2z$. La distance de son conséquent au dernier terme sera $2z-1$.

Par le lemme 23, les raisons dans ces deux rapports sont

$$:: \frac{2hk}{2hk-2z} \times \frac{2gk+2z}{2gk} : \frac{2hk}{2hk-2z-1} \times \frac{2gk+2z+1}{2gk}$$

et sont approximativement dans un rapport d'égalité.

D'un autre côté, dans la suite de la puissance n, prenons le rapport des deux termes consécutifs dans lesquels la distance de l'antécédent au dernier terme de la suite est $z+1$, et la distance du conséquent au dernier terme est z. Dans ce rapport la raison (*Lem.* 23) aura pour expression

$$\frac{hk}{hk-z} \times \frac{gk+z}{gk}$$

Or,

$$\frac{hk}{hk-z} \times \frac{gk+z}{gk} = \frac{2hk}{2hk+2z} \times \frac{2gk+2z}{2gk}$$

Ainsi aux deux rapports qui dans la suite de la puissance $2n$ se suivent immédiatement, correspond dans la suite de la puissance n un rapport dans lequel la raison est approximativement égale à la raison dans ces deux rapports.

Si dans la suite de la puissance $2n$, on prend les deux rapports qui se suivent immédiatement dans lesquels les distances des antécédents au dernier terme de la suite soient $2z-1$ et $2z-2$, et les distances des conséquents $2z-2$ et $2z-3$; si dans la suite de la puissance n, on prend le rapport dans lequel la distance de l'antécédent au dernier terme de la suite est z et la distance du conséquent est $z-1$, on trouvera de même que dans ces trois rapports la raison est approximativement égale.

Donc généralement, à deux rapports qui dans la puissance $2n$ se suivent immédiatement, correspond dans la puissance n un rapport dans lequel la raison est approximativement égale à la raison dans les deux rapports de la puissance $2n$.

COROLLAIRE.

Mettons en regard les séries des raisons de deux termes consécutifs dans les suites ascendantes des puissances n et $2n$.

Si dans l'expression générale de la raison dans les rapports de deux termes consécutifs, on donne successivement à la quantité variable z les valeurs de la suite naturelle des nombres, on aura la série des raisons dans les rapports des deux termes consécutifs de la puissance n et de la puissance $2n$. A deux termes qui dans la série des raisons de la puissance $2n$ se suivent, correspondra dans la série des raisons de la puissance n un terme qui sera approximativement égal aux deux termes de l'autre série. Donc dans les suites ascendantes de la puissance n et de la puissance $2n$, les raisons sont les mêmes ou approximativement les mêmes.

Ce que nous venons de démontrer dans les suites qui ont pour premier terme g^n et g^{2n} se démontrerait de même dans les suites qui ont pour premier terme h^n et h^{2n}.

LEMME 26.

Si l'on a deux suites ascendantes dans lesquelles les raisons sont approximativement les mêmes, et que dans l'une, le nombre des termes soit le double de leur nombre dans l'autre, si l'on fait deux parts proportionnelles de leurs termes, le rapport des termes de la seconde part à la somme des termes de la première part sera plus grand dans la suite, qui a un nombre double de termes que dans l'autre.

En effet, supposons que tous les termes fussent égaux dans chacune de ces suites, si l'on fait deux parts proportionnelles de leurs termes, ces deux parts se composant de quantités égales dans chacune, la somme des termes d'une part à la somme des termes de l'autre part sera dans le rapport des nombres de leurs termes, or, par construction, le rapport des nombres de leurs termes est le même dans l'une et l'autre suite. Donc le rapport de la somme des termes d'une part à la somme des termes de l'autre part serait le même dans l'une et l'autre suite. Mais dans les suites ascendantes, la première et la seconde part se composeront de quantités d'autant plus grandes que la distance de leurs termes au premier terme de la suite sera plus grande. Ainsi, dans chacune de ces suites, la seconde part se composera de quantités plus grandes que la première part et la somme des termes de la seconde part ne sera plus à la somme des termes de la première dans le rapport du nombre de leurs termes. Or, dans la suite qui a un nombre double de termes, la distance des termes de la seconde part au premier terme de la suite sera double de la distance des termes de la seconde part au premier terme dans l'autre suite, par conséquent les termes de la seconde part seront comparativement plus grands que les termes de la première part dans la suite qui a un nombre double de termes que dans l'autre suite ; par conséquent, le rapport de la somme des termes de la seconde part à la somme des termes de la première part sera plus grand dans la suite qui a un nombre double de termes, que dans l'autre suite.

COROLLAIRE GÉNÉRAL.

Les termes de la puissance n du binome $(g + h)$, représentent dans un nombre n de parties tous les résultats qu'elles peuvent avoir; dans les deux suites ascendantes dont se compose la puissance n les termes de la seconde part représentent les résultats qui ne sortent pas du rapport approché dans une limite assignée, des chances des joueurs en une partie. Les termes de la première part représentent les résultats qui sortent de cette limite. Cela s'applique également à la puissance $2n$ et au nombre $2n$ de parties.

Ainsi dans les nombres de parties n et $2n$ le nombre des résultats qui ne sortent pas du rapport approché des chances des joueurs est au nombre des résultats qui sortent de ce rapport comme la somme des termes des secondes parts est à la somme des termes des premières parts, dans les deux suites ascendantes de la puissance n et de la puissance $2n$. Or, par les lemmes précédents le rapport de la somme des termes des secondes parts à la somme des termes des premières parts est plus grand dans les suites de la puissance $2n$ que dans les suites de la puissance n. Donc, le rapport du nombre des résultats qui ne sortent pas du rapport approché des chances des joueurs en une partie, au nombre des résultats qui en sortent, est plus grand dans le nombre $2n$ des parties que dans le nombre n de parties.

Par conséquent la probabilité d'avoir un résultat approché des chances des joueurs en une partie est plus grande dans le nombre $2n$ de parties que dans le nombre n. Elle serait encore plus grande dans le nombre $4n$ de parties que dans le nombre $2n$ et chaque fois que l'on doublerait le nombre de parties, cette probabilité augmenterait, elle peut donc approcher de la certitude d'aussi près qu'on le voudra.

THÉORÈME 7.

Si à une époque on trouve dans l'histoire une série d'événements qui paraissent avoir été la conséquence des uns des autres, on peut en conclure qu'après les premiers de ces événements, les suivants avaient une très grande probabilité.

En effet, l'expression de la probabilité du concours de plusieurs événements est (théorème premier) le produit des quantités qui sont les expressions de la probabilité de chacun de ces événements. Or, l'expression d'une probabilité étant essentiellement fractionnaire, le produit de plusieurs fractions serait une quantité très petite, à moins que chacune de ces fractions ne fût très approchée de l'unité. Donc, dans une série d'événements qui sont la conséquence les uns des autres, et qu'on voit dans l'histoire s'être succédés, chacun de ces événements en particulier avait une très grande probabilité. Et si de son temps on se trouve dans les mêmes circonstances qu'autrefois, on doit dès les commencements s'attendre à toutes suites qu'eurent autrefois les premiers événements dont on est déjà le témoin.

PROBLÉME 12.

On demande la probabilité que dans le tirage d'une loterie tous les numéros se suivront dans l'ordre numérique.

Ce problème a été proposé par Euler.

Soit c le nombre des numéros de la loterie, n le nombre des numéros sortant dans un tirage.

Donnons successivement différentes valeurs au premier numéro sortant dans un tirage et au nombre n des numéros sortant. Faisons d'abord $n=2$, et pour premier numéro sortant prenons l'unité.

La combinaison des numéros (1) et (2) donnent deux permutations de numéros qui se suivent, savoir: (2 et 1). Au numéro (1) substituant le numéro (3), on obtient une autre combinaison et deux autres permutations. Continuant de la même manière on arrivera au numéro c le plus élevé, par un nombre $(c—1)$ de substitutions qui donnent un nombre $(c—1)$ de combinaisons et un nombre $2\times(c—1)$ de permutations où les numéros se suivent.

Faisons $n=3$, et pour le premier numéro sortant prenons encore l'unité. La combinaison des numéros (1, 2 et 3), donne deux permutations de numéros qui se suivent, savoir: (1, 2 et 3), (3, 2 et 1). Au numéro (1) substituant le numéro (4), on obtient une autre combinaison et deux autres permutations. Et continuant ainsi on arrivera au numéro (c), le plus élevé par un nombre ($c-2$) de substitutions qui donnent le nombre ($c-2$) de combinaisons et le nombre $2\times(c-2)$ de permutations où les numéros se suivent.

Généralement le nombre des permutations de l'exposant n, où les numéros se suivent dans l'ordre où ils ont été tirés, a pour expression $2\times(c-n+1)$.

D'un autre côté dans le même nombre c de numéros, le nombre de toutes les permutations de l'exposant n, a pour expression

$$c \cdot (c-1) \cdot (c-2) \ldots \times (c-n+2) \cdot (c-n+1).$$

Ainsi la probabilité d'amener dans un tirage des numéros qui se suivent, dans l'ordre où ils ont été tirés, a pour expression

$$2\times(c-n+1) : c \cdot (c-1) \cdot (c-2) \ldots (c-n+2) \cdot (c-n+1)$$

Cette expression se réduit à

$$2 : c \cdot (c-1) \cdot (c-2) \ldots \times (c-n+2).$$

Si l'on ne tenait pas compte de l'ordre numérique dans lequel les numéros devraient sortir, alors dans une combinaison de l'exposant n de numéros qui se suivent, le nombre des permutations en plaçant les numéros à volonté serait

$$n \cdot (n-1) \cdot (n-2) \ldots 1.$$

Le nombre des combinaisons de l'exposant n où les numéros se suivent, est ($c-n+1$).

La probabilité d'amener dans un tirage des numéros qui peuvent se suivre en les plaçant à volonté, a pour expression

$$n . (n{-}1) \ldots (n{-}2) . . \times 1 \times (c{-}n{-}1) : c . (c{-}1)$$
$$. (c{-}2) \ldots \times (c{-}n{+}2) \times (c{-}n{+}1).$$

Cette expression se réduit à

$$n . (n{-}1) . (n{-}2) . 1) : c . (c{-}1) . (c{-}2) . \times (c{-}n{+}2).$$

LE WISK.

Le wisk se joue avec 52 cartes entre quatre personnes, qui se partagent en deux partners. Les cartes se donnent une à une; celui qui donne, retourne la dernière carte et la met dans son jeu. La couleur de la retourne détermine la couleur de l'atout. Dans cette couleur, l'as, le roi, la dame et le valet sont honneurs, ou cartes marquantes. Avant que la dernière carte soit retournée, le jeu comprend 16 cartes susceptibles de devenir des honneurs et 36 cartes non marquantes. Après que la dernière carte a été retournée, le jeu se compose de 4 honneurs et de 48 cartes non marquantes. Après que les cartes sont données, chaque joueur a 13 cartes dans sa main; un côté où deux partners ont 26 cartes dans leurs deux mains. Lorsque deux partners ont dans leurs mains 3 honneurs, ils marquent 2 points; lorsqu'ils ont dans leur jeu les 4 honneurs, ils marquent 4 points. Chaque main que font deux partners, au-delà de 6, compte

1 point. La partie se joue en 10 points. A 8 points, si deux partners ont dans leurs jeux 3 ou 4 honneurs, ils gagnent la partie sans jouer le coup. A 9 points les honneurs ne comptent plus, et l'on ne peut plus gagner la partie que par les trics.

COROLLAIRE 1er

Le probabilité de retourner un honneur a pour expression $^{16}/_{52}$. La probabilité de retourner une carte non marquante a pour expression $3^6/_{52}$.

COROLLAIRE 2.

Lorsque la retourne sera un honneur, pour toute autre carte du jeu, la probabilité qu'elle sera une carte marquante est $^3/_{51}$; la probabilité qu'elle sera une carte non marquante sera $^{48}/_{51}$.

Lorsque la retourne sera une carte non marquante, pour toute autre carte du jeu la probabilité qu'elle sera un honneur est $^4/_{51}$; la probabilité qu'elle sera une carte non marquante sera $^{47}/_{51}$.

COROLLAIRE 3.

Le côté qui donne les cartes, que nous désignerons par A, a dans son jeu la retourne et 25 autres cartes qui y sont entrées par la distribution des cartes.

Le côté qui coupe, que nous désignerons par B, a

dans son jeu 26 cartes, qui y sont toutes entrées par la distribution des cartes.

Une carte marquante venue dans un jeu par la distribution des cartes, peut y être venue ou la première ou la dernière, ou à tout autre rang. Ainsi, lorsqu'il retourne une carte marquante, éventualité dont la probabilité est $^{16}/_{52}$, pour A, la probabilité d'avoir dans son jeu, par la distribution des cartes, une autre carte marquante est $^{16}/_{52} \times {}^{3}/_{51} \times 25$; lorsque la retourne est une carte non marquante, cette probabilité est $^{36}/_{56} \times {}^{4}/_{51} \times 25$.

Pour B, cette probabilité est, dans le 1er cas, $^{16}/_{52} \times {}^{3}/_{51} \times 26$; dans le 2e cas, $^{36}/_{52} \times {}^{4}/_{51} \times 26$.

Le nombre de permutations dont est susceptible une combinaison composée d'un nombre p de cartes d'une espèce et d'un nombre q de carte d'une autre espèce, étant généralement

$$\frac{1.2.3 \ldots\ldots\ldots p+q}{1.2..p.1.2\ldots\ldots q.}$$

pour A, la probabilité d'avoir dans son jeu, par la distribution des cartes, 2 cartes marquantes, est dans le 1er cas

$$^{16}/_{52} \times {}^{3}/_{51} \cdot {}^{2}/_{50} \times {}^{25}/_{1} \cdot {}^{24}/_{2} \cdot {}^{23}/_{3} \cdots\cdots {}^{1}/_{23},$$

qui se réduit à

$$^{16}/_{52} \times {}^{3}/_{51} \cdot {}^{2}/_{50} \times {}^{25}/_{1} \cdot {}^{24}/_{2};$$

dans le deuxième cas,

$$^{36}/_{52} \times {}^{4}/_{51} \times {}^{5}/_{50} \times {}^{26}/_{1} \times {}^{23}/_{2}.$$

Pour B, cette probabilité est dans le premier cas,

$$\tfrac{16}{52} \times \tfrac{3}{51} \times \tfrac{2}{50} \times \tfrac{26}{1} \times \tfrac{23}{2} \; ;$$

dans le deuxième cas,

$$\tfrac{36}{52} \times \tfrac{4}{51} \times \tfrac{3}{50} \times \tfrac{26}{1} \times \tfrac{23}{2}.$$

La probabilité de 3 cartes marquantes serait pour A, dans le premier cas,

$$\tfrac{16}{52} \times \tfrac{3}{51} \times \tfrac{2}{50} \times \tfrac{1}{49} \times \tfrac{25}{1} \times \tfrac{24}{2} \times \tfrac{23}{3} \; ;$$

dans le deuxième cas,

$$\tfrac{36}{52} \times \tfrac{4}{51} \times \tfrac{3}{50} \times \tfrac{2}{49} \times \tfrac{25}{1} \times \tfrac{24}{2} \times \tfrac{23}{3}.$$

Pour B, dans le premier cas, serait

$$\tfrac{16}{52} \times \tfrac{3}{51} \times \tfrac{2}{50} \times \tfrac{1}{49} \times \tfrac{26}{1} \times \tfrac{25}{2} \times \tfrac{24}{3} \; ;$$

dans le deuxième cas,

$$\tfrac{36}{52} \times \tfrac{4}{51} \times \tfrac{3}{50} \times \tfrac{2}{49} \times \tfrac{26}{1} \times \tfrac{25}{2} \times \tfrac{24}{3}.$$

La probabilité de 4 cartes marquantes par la distribution des cartes serait pour A

$$\tfrac{36}{52} \times \tfrac{4}{51} \times \tfrac{3}{50} \times \tfrac{2}{49} \times \tfrac{1}{48} \times \tfrac{25}{1} \times \tfrac{24}{2} \times \tfrac{23}{3} \times \tfrac{22}{4} \; ;$$

pour B,

$$\tfrac{36}{52} \times \tfrac{4}{51} \times \tfrac{3}{50} \times \tfrac{2}{49} \times \tfrac{1}{48} \times \tfrac{26}{1} \times \tfrac{25}{2} \times \tfrac{24}{3} \times \tfrac{23}{4}.$$

COROLLAIRE 4.

La 26ᵉ carte de A est la retourne, la probabilité que cette carte est un honneur a pour expression $\tfrac{16}{52}$.

La probabilité que la 26° carte de B sera un honneur est seulement $^4/_{52}$.

A a donc pour les honneurs plus de chances que B. Ainsi, dans le partage des honneurs, pour un lot désavantageux, comme celui de n'avoir point d'honneurs ou de n'en avoir qu'un. A doit avoir moins de chances que B. Pour un lot avantageux, comme d'avoir 3 honneurs ou 4 honneurs, A doit avoir plus de chances que B. C'est le résultat qu'on obtiendra dans les deux problèmes suivants.

PROBLÈME 1ᵉʳ.

Déterminer pour A *, la probabilité de n'avoir dans son jeu qu'un honneur, d'avoir dans son jeu 2 honneurs, 3 honneurs, les 4 honneurs, de n'en avoir point dans son jeu.*

1ʳᵉ éventualité : N'avoir dans son jeu qu'un seul honneur.

La retourne étant 1 honneur, les 26 cartes du jeu de A se composeront de cette retourne et de 25 cartes non marquantes. Par le théor. 1ᵉʳ, 2ᵉ p., et le cor. 1ᵉʳ, cette composition du jeu a pour expression de sa probabilité

$$\tfrac{16}{52} \times \tfrac{48}{51} \times \tfrac{47}{50} \times \tfrac{46}{49} \ldots \times \tfrac{24}{27} \; ;$$

ou, réduction faite,

$$\tfrac{16}{52} \times \tfrac{26}{51} \times \tfrac{25}{50} \times \tfrac{24}{49} = \tfrac{52}{833}.$$

La retourne étant une carte non marquante , le jeu se composera de cette retourne, de 1 honneur venu par la distribution des cartes, et de 24 cartes non marquantes. Par le théor. 1ᵉʳ, les coroll. 1, 2 et 3, cette composition de jeu a pour expression de sa probabilité

$$\tfrac{36}{52} \times \tfrac{1}{51} \times 25 \times \tfrac{47}{50} \ldots \ldots \tfrac{24}{27} ;$$

ou , après réduction ,

$$\tfrac{36}{52} \times \tfrac{4}{51} \times 25 \times \tfrac{26}{50} \times \tfrac{25}{49} \times \tfrac{24}{48} = \tfrac{150}{833}.$$

La probabilité pour A de n'avoir dans son jeu qu'un honneur, est la somme de ces deux probabilités ou $\tfrac{182}{833}.$

2ᵉ éventualité : Avoir dans son jeu 2 honneurs.

La retourne étant 1 honneur, les 26 cartes du jeu de A se composeront de cette retourne, de 1 honneur venu par la distribution des cartes, et de 24 cartes non marquantes. Par le théor. 1ᵉʳ, les coroll. 1, 2 et 3, cette composition de jeu a pour expression de sa probabilité.

$$\tfrac{16}{52} \times \tfrac{3}{51} \times 25 \times \tfrac{48}{50} \ldots \ldots \tfrac{25}{27} ;$$

ou , après réduction ,

$$\tfrac{16}{52} \times \tfrac{3}{51} \times 25 \times \tfrac{26}{50} \times \tfrac{25}{49} = \tfrac{100}{833}.$$

La retourne étant une carte non marquante , le jeu se composera de la retourne, de 2 honneurs venus par la distribution des cartes, et de 23 cartes non marquantes. Or, la probabilité de cette composition de jeu est

$$\frac{36}{52} \times \frac{4}{51} \times \frac{3}{50} \times \frac{23}{1} \times \frac{2?}{2} \times \frac{47}{49} \cdots \cdots \frac{23}{27} \, ;$$

ou, après réduction,

$$\frac{36}{52} \times \frac{4}{51} \times \frac{3}{50} \times \frac{23}{1} \times \frac{24}{2} \times \frac{26}{49} \times \frac{25}{48} = \frac{123}{833} \, ,$$

La probabilité pour **A** d'avoir dans son jeu 2 honneurs est la somme de ces deux probabilités ou $\frac{325}{833}$.

3e éventualité : Avoir dans son jeu 3 honneurs.

La retourne étant 1 honneur, le jeu de **A** se composera de la retourne, de **2** autres honneurs venus par la distribution des cartes, et de **23** cartes non marquantes. La probabilité de cette composition de jeu est

$$\frac{16}{52} \times \frac{3}{51} \times \frac{2}{50} \times \frac{25}{1} \times \frac{4}{2} \times \frac{18}{49} \cdots \cdots \frac{24}{27} \, ;$$

ou, après réduction,

$$\frac{16}{52} \times \frac{3}{51} \times \frac{2}{50} \times \frac{23}{1} \times \frac{22}{2} \times \frac{26}{49} = \frac{96}{833} \, .$$

La retourne étant une carte non marquante, le jeu se composera de la retourne, de **4** honneurs venus par la distribution des cartes, et de **22** cartes non marquantes. Or, la probabilité de cette composition de jeu est

$$\frac{36}{52} \times \frac{4}{51} \times \frac{3}{50} \times \frac{2}{49} \times \frac{25}{1} \times \frac{24}{2} \times \frac{23}{3} \times \frac{47}{48} \cdots \cdots \frac{26}{27} \, ;$$

ou, après réduction,

$$\frac{36}{52} \times \frac{4}{51} \times \frac{3}{50} \times \frac{2}{49} \times \frac{25}{1} \times \frac{24}{2} \times \frac{23}{3} \times \frac{26}{48} = \frac{138}{833} \, .$$

La probabilité pour A d'avoir dans son jeu 3 honneurs est la somme de ces deux probabilités, ou $^{234}/_{833}$.

4e éventualité : Les quatre honneurs dans son jeu.

La retourne étant 1 honneur, le jeu de A se composera de cette retourne, de 3 autres honneurs venus dans son jeu par la distribution des cartes, et de 22 cartes non marquantes. La probabilité de cette composition de jeu est

$$^{16}/_{52} \times {}^{3}/_{51} \times {}^{2}/_{50} \times {}^{1}/_{49} \times {}^{25}/_{1} \times {}^{24}/_{2} \times {}^{23}/_{3} \times {}^{48}/_{48} \cdots {}^{27}/_{27} \; ;$$

ou, après réduction,

$$^{16}/_{52} \times {}^{25}/_{51} \times {}^{24}/_{50} \times {}^{23}/_{49} = 368 : (\, 13 \times 833 \,).$$

La retourne étant une carte non marquante, le jeu se composera de la retourne, de 4 honneurs venus par la distribution des cartes, et de 21 cartes non marquantes. La probabilité de cette composition de jeu est

$$^{36}/_{52} \times {}^{4}/_{51} \times {}^{3}/_{50} \times {}^{2}/_{49} \times {}^{1}/_{48} \times {}^{25}/_{1} \times {}^{24}/_{2} \times {}^{23}/_{3} \times {}^{22}/_{4} \times {}^{47}/_{47} \cdots {}^{27}/_{27}.$$

et, après réduction,

$$^{36}/_{52} \times {}^{25}/_{51} \times {}^{24}/_{50} \times {}^{23}/_{49} \times {}^{22}/_{48} = 759 : (\, 12 \times 833 \,).$$

La probabilité pour A d'avoir 4 honneurs est la somme de ces deux probabilités, ou $1127 : (13 \times 833)$.

5e éventualité : De n'avoir point d'honneurs dans son jeu.

La retourne sera une carte non marquante, et les au-

tres **25** cartes du jeu seront des cartes non marquantes ;
ce qui a pour expression de sa probabilité

$$\tfrac{36}{52} \times \tfrac{47}{51} \ldots \ldots \tfrac{23}{27} ;$$

ou, après réduction ,

$$\tfrac{36}{52} \times \tfrac{26}{51} \times \tfrac{25}{50} \times \tfrac{24}{49} \times \tfrac{23}{48} = 69 : (2 \times 833).$$

PROBLÈME 2.

*Déterminer les probabilités des mêmes cinq éventualités
pour* B.

1re éventualité : De n'avoir dans son jeu que **1** honneur.

1 honneur retournant, les **26** cartes du jeu de B se
composeront de l'un des 3 honneurs restant après la retourne, et de **25** cartes non-marquantes ; ce qui a pour
expression de sa probabilité

$$\tfrac{16}{52} \times \tfrac{3}{51} \times 26 \times \tfrac{48}{50} \ldots \ldots \tfrac{24}{26} ;$$

ou, après réduction ,

$$\tfrac{16}{52} \times \tfrac{3}{51} \times 26 \times \tfrac{25}{50} \times \tfrac{24}{49} = \tfrac{96}{833}.$$

La retourne étant une carte non-marquante, le jeu se
composera de l'un des **4** honneurs, et de **25** des **47** cartes
non-marquantes restant après la retourne ; ce qui a pour
expression de sa probabilité

$$\tfrac{36}{52} \times \tfrac{4}{51} \times 26 \times \tfrac{47}{50} \ldots \ldots \tfrac{23}{26} ;$$

ou, après réduction.

$$\tfrac{56}{52} \times \tfrac{4}{51} \times 26 \times \tfrac{43}{50} \times \tfrac{44}{49} \times \tfrac{43}{48} = \tfrac{133}{833}.$$

La probabilité pour B de n'avoir dans son jeu que 1 honneur est la somme de ces deux probabilités, $\tfrac{234}{833}$.

Deuxième éventualité : 2 honneurs dans le jeu.

La retourne étant 1 honneur, le jeu de B se composera de 2 des 3 honneurs restant après la retourne, et de 24 cartes non-marquantes ; ce qui a pour expression de sa probabilité

$$\tfrac{16}{52} \times \tfrac{3}{51} \times \tfrac{2}{50} \times \tfrac{26}{1} \times \tfrac{25}{2} \times \tfrac{48}{49} \ldots\ldots \tfrac{25}{26} ;$$

ou, après réduction,

$$\tfrac{16}{52} \times \tfrac{3}{51} \times \tfrac{25}{50} \times 26 \times \tfrac{25}{49} = \tfrac{100}{833}.$$

La retourne étant une carte non-marquante, B aura dans son jeu 2 des 4 honneurs, et 24 cartes non-marquantes ; ce qui a pour expression de sa probabilité

$$\tfrac{36}{52} \times \tfrac{4}{51} \times \tfrac{3}{50} \times \tfrac{26}{1} \times \tfrac{25}{2} \times \tfrac{25}{49} \ldots \tfrac{24}{26} ;$$

ou, après réduction,

$$\tfrac{36}{52} \times \tfrac{4}{51} \times \tfrac{3}{50} \times \tfrac{26}{1} \times \tfrac{25}{2} \times \tfrac{47}{49} \times \tfrac{24}{48} = \tfrac{225}{833}.$$

La probabilité pour B d'avoir dans son jeu 2 honneurs est la somme de ces deux probabilités, $\tfrac{325}{833}$.

3ᵉ éventualité : 3 honneurs dans le jeu.

La retourne étant 1 honneur, B aura dans son jeu les 3 autres honneurs et 23 cartes non marquantes. Probabilité

$$\tfrac{16}{52} \times \tfrac{3}{51} \times \tfrac{2}{50} \times \tfrac{1}{50} \times \tfrac{26}{1} \times \tfrac{25}{2} \times \tfrac{24}{3} \times \tfrac{48}{48} \ldots \ldots \tfrac{26}{26};$$

ou, après réduction,

$$\tfrac{16}{52} \times \tfrac{26}{51} \times \tfrac{25}{50} \times \tfrac{24}{49} = \tfrac{32}{833}.$$

La retourne étant une carte non marquante, B aura dans son jeu 3 des 4 honneurs et 23 cartes non marquantes. Probabilité

$$\tfrac{36}{52} \times \tfrac{4}{51} \times \tfrac{3}{50} \times \tfrac{2}{49} \times \tfrac{26}{1} \times \tfrac{25}{2} \times \tfrac{24}{3} \times \tfrac{47}{48} \ldots \ldots \tfrac{3}{26};$$

ou, après réduction,

$$\tfrac{36}{52} \cdot \tfrac{4}{51} \cdot \tfrac{26}{50} \cdot \tfrac{25}{49} \cdot \tfrac{24}{48} \cdot \tfrac{25}{1} = \tfrac{150}{833}.$$

La probabilité pour B d'avoir dans son jeu 3 honneurs est la somme de ces probabilités, $\tfrac{182}{833}$.

4e éventualité : **Les 4 honneurs dans le jeu.**

La retourne sera nécessairement une carte non marquante ; B aura dans son jeu les 4 honneurs et 22 cartes non marquantes. Probabilité

$$\tfrac{36}{52} \cdot \tfrac{4}{51} \cdot \tfrac{3}{50} \cdot \tfrac{2}{49} \cdot \tfrac{1}{48} \cdot \tfrac{26}{1} \cdot \tfrac{25}{2} \cdot \tfrac{24}{3} \cdot \tfrac{23}{4} \cdot \tfrac{47}{47} \ldots \tfrac{26}{26};$$

ou, après réduction,

$$\tfrac{36}{52} \cdot \tfrac{26}{51} \cdot \tfrac{25}{50} \cdot \tfrac{24}{49} \cdot \tfrac{23}{48} = 69 : (2 \times 833);$$

5e éventualité : **N'avoir point d'honneurs.**

B aura dans son jeu 26 cartes non marquantes.

La retourne étant 1 honneur, la probabilité serait

$$\tfrac{16}{52} \times \tfrac{48}{51} \ldots \ldots \tfrac{23}{26};$$

et, après réduction,

$$^{16}/_{52} \cdot {}^{25}/_{51} \cdot {}^{14}/_{50} \cdot {}^{23}/_{49} = 368 : (833 \times 13).$$

La retourne étant une carte non marquante, la probabilité serait

$$^{36}/_{52} \times {}^{47}/_{51} \cdot \cdots \cdot {}^{22}/_{28} ;$$

et, après réduction,

$$^{36}/_{52} \cdot {}^{26}/_{51} \cdot {}^{25}/_{50} \cdot {}^{24}/_{49} \cdot {}^{23}/_{48} \cdot = 759 : (833 \times 13).$$

La probabilité pour B de n'avoir point d'honneurs dans son jeu est la somme de ces deux probabilités, $1127 : (13 \times 833)$.

COROLLAIRE 5.

On a obtenu dans la solution de ces deux problèmes les résultats prévus au corollaire 4.

Le nombre des chances de l'éventualité de n'avoir dans son jeu qu'un seul honneur est pour A 182, pour B 234.

Le nombre des chances de l'éventualité de n'avoir point d'honneurs dans son jeu, est pour A $69 : (2 \times 833)$, pour B, $1127 : (13 \times 833)$, ou pour A 897, pour B 2254.

Au contraire le nombre des chances de l'éventualité d'avoir dans son jeu 3 honneurs est pour A 234, pour B 182.

Le nombre des chances de l'éventualité d'avoir dans son jeu 4 honneurs est pour A $1127 : (13 \times 833)$, pour B $69 : (2 \times 833)$, ou pour A 2254, pour B 897.

COROLLAIRE 6.

Dans le partage des honneurs, la part de B est une conséquence nécessaire de la part qui est attribuée à A.

A ayant dans son jeu 2 honneurs, B aura nécessairement dans le sien 2 honneurs; aussi a-t-on trouvé que $325/833$ est pour A comme pour B la probabilité d'avoir 2 honneurs dans leur jeu.

$234/833$ est pour A la probabilité d'avoir dans son jeu 3 honneurs, et pour B la probabilité de n'avoir dans le sien qu'un honneur.

$182/833$ est pour A la probabilité de n'avoir qu'un honneur, et pour B celle d'en avoir 3.

$1127 : (13 \times 833)$ est pour A la probabilité d'avoir 4 honneurs, et pour B celle de n'en point avoir.

$69 : (2 \times 833)$ est pour A la probabilité de n'avoir point d'honneurs, et pour B celle d'en avoir 4.

COROLLAIRE 7.

Le nombre des compositions de jeu dans lesquelles le côté qui donne aurait, ou les 4 honneurs, ou 3 honneurs, ou 2 honneurs, ou 1 seul honneur, ou point d'honneurs, est au nombre absolu de toutes les compositions de jeu dans les rapports suivants :

$$1127:10829, \quad 234 \cdot 833, \quad 325:833, \quad 182:833, \quad 69:1666.$$

DES TRICS.

LEMME 1er.

A chaque coup le côté qui fait, retourne la dernière carte qu'il se donne, laquelle détermine la couleur de l'atout. Ainsi, il y a certitude que la dernière carte qu'il se distribue, est un atout, lorsque pour l'autre côté il y a seulement la probabilité $^{12}/_{51}$ que la dernière carte qui lui est distribuée, sera un atout.

Après que la dernière carte a été retournée, toutes les différentes combinaisons du partage de 12 atous restants entre l'un et l'autre côté sont représentées par les termes de la 12ᵉ puissance du binome $(a+b)$, savoir :

$$a^{12}+12a^{11}b+66a^{10}b^{2} + 220a^{9}b^{3} + 495a^{8}b^{4}+792a^{7}b^{5}+$$
$$914a^{6}b^{6}+792a^{5}b^{7}+495a^{4}b^{8}+220a^{3}b^{9}+66a^{2}b^{10}12ab^{11}+b^{12}.$$

La somme des coëfficients des six premiers termes à laquelle on ajoutera le coëfficient du septième terme, à cause de l'atout qu'il a retourné, exprime pour le côté qui fait le nombre de ses chances pour avoir la majorité des atouts. La somme des six derniers termes exprime pour le côté qui coupe le nombre des chances pour avoir la majorité des atouts ; or, ces nombres sont pour le côté qui fait, et pour le côté qui coupe, dans le rapport de 2500 à 1596.

Si le côté qui fait, se trouve avoir cet avantage pour

la majorité des atouts, l'autre côté a l'avantage de jouer
le premier et d'entamer le coup par la couleur qui lui
convient. Nous supposerons que ces avantages de part et
d'autre se compensent et que les chances pour les trics
étaient égales avant la distribution des cartes.

LEMME 2.

Les treize levées peuvent être partagées entre les
deux côtés en différentes combinaisons qui sont représentées par les termes de la 13e puissance du binome
$(a+b)$,

$$a^{13}+13a^{12}b+78a^{11}b^2+286a^{10}b^3+715a^9b_4+1287a^8b^5+$$
$$1716a^7b^6+1716a^6b^7+715a^5b^8+1287a^4b^9+286a^3b^{10}+$$
$$78ab^{11}+13ab^{12}+b^{13}.$$

La probabilité de chacune de ces combinaisons a pour
expression la valeur du terme qui la représente divisée
par 2^{13} ou 8192.

Par le lemme 1er les chances pour les trics étant égales
avant la distribution des cartes, on a $a=1$, $b=1$ et la
valeur d'un terme se réduit à son coëfficient.

Pour l'un et l'autre côté la probabilité de gagner un
ou plusieurs trics est $^1\!/_2$, la probabilité de faire un seul
tric est $^{1716}\!/_{8192}$, et la probabilité de faire plusieurs trics
est $^{2380}\!/_{8190}$.

LEMME 3.

Par les règles du jeu, lorsqu'un côté a 8 points marqués,

si le coup suivant il y a dans ses 26 cartes, 4 honneurs ou 3 honneurs, il gagne la partie sans jouer le coup et courir la chance des trics.

Par une autre règle du jeu, un côté qui a 9 points marqués n'est pas admis à compter les honneurs et ne peut plus gagner la partie que par les trics.

PROBLÈME 3.

L'un et l'autre côté, ayant 8 points marqués, ont l'un comme l'autre la chance de gagner la partie par les honneurs sans jouer le coup suivant. Or, pour le côté qui fait, la probabilité de l'une de ces éventualités avoir dans ses 26 cartes ou 4 ou 3 honneurs, a (*Probl.* 1er) pour expression $1137 : (13 \times 833) + {}^{234}/_{833} = 0,385$.

Pour le côté qui coupe la probabilité de l'une de ces deux mêmes éventualités, a (*Probl.* 2) pour expression ${}^{69}/_{1666} + {}^{182}/_{833} = 0,260$.

On voit que pour gagner la partie par les honneurs, le côté qui fait a un plus grand nombre de chances que le côté qui coupe.

LEMME 4.

Lorsque par la distribution des cartes un côté se trouve avoir 4 ou 3 honneurs, on n'est pas en mesure de déterminer l'avantage que lui donnent, pour les trics, les honneurs, si d'ailleurs on ne connaît pas la composition entière des 13 cartes que chacun des joueurs a en main. Nous nous bornerons donc ici aux deux cas suivants.

Celui, où un côté ayant les 4 honneurs, ils se trouveront dans la même main. Par là ce côté aura 4 levées assurées indépendamment de la distribution des autres cartes.

Celui, où un côté ayant 3 honneurs, 1° ces 3 honneurs seront les cartes les plus hautes; 2° ces 3 honneurs seront dans la même main. Par là ce côté aura trois levées assurées indépendamment de la distribution des autres cartes.

LEMME 5.

En attribuant au côté A les 4 honneurs, il ne prendra plus que 22 cartes dans les autres 48 cartes du jeu, et l'autre côté B en prendra 26. Et supposant encore que A, par les honneurs, a 4 levées assurées, il restera 9 levées éventuelles auxquelles A ne concourt plus qu'avec 22 cartes et auxquelles B concourt avec 26 cartes. Or, à chacune de ces levées éventuelles, il y a probabilité que la carte supérieure se rencontrera dans le jeu qui se compose du nombre de cartes le plus grand. Ainsi à chaque levée les probabilités sont en faveur de A et en faveur de B dans le rapport 22 à 26. Appelant ces probabilités a et b, nous aurons $a = {}^{22}/_{48}$, $b = {}^{26}/_{48}$.

Cela posé, toutes les permutations dont neuf levées éventuelles sont susceptibles entre deux côtés sont re-

présentées par la 9ᵉ puissance du binome $(a+b)$, $a^9 +$
$9a^8b + 36a^7b^2 + 84a^6b^3 + 126a^5b^4 + 126a^4b^5 + 84a^3b^6 + 36a^2$
$b^7 + 9ab^8 + b^9$. En prenant les valeurs de chaque terme
on aura les résultats suivants.

Pour le côté qui a 4 levées assurées la probabilité de
faire un ou plusieurs trics, a pour expression, 0,86196.

Pour l'autre côté la probabilité de faire plusieurs trics
a pour expression 0,03457. Pour ce même côté la probabilité de faire le tric simple a pour expression 0,10346.

LEMME 6.

En attribuant 3 honneurs au côté **A**, 1 honneur à **B**,
dans les autres 48 cartes, A en prendra 23, B, 25 et supposant encore que A, par les honneurs, a 3 levées assurées, il restera 10 levées éventuelles auxquelles A concourt avec 23 cartes, B avec 25 cartes. Nous aurons ici
$a = {}^{23}/_{48}$, $b = {}^{25}/_{48}$. Toutes les permutations dont 10 levées
éventuelles sont susceptibles entre deux côtés sont représentées par la 10ᵉ puissance du binome $(a+b)$ $a^{10} +$
$10a^9b + 45a^8b^2 + 120a^7b^3 + 210a^6b^4 + 252a^5b^5 + 210a^4b^6 +$
$120a^3b^7 + 45a^2b^8 + 10ab^9 + b^{10}$. En prenant les valeurs de
chaque terme on aura les résultats suivants:

Pour le côté qui a 3 levées assurées, la probabilité de
faire plusieurs trics ou un tric, est 0,79286.

Pour l'autre côté la probabilité de faire plusieurs trics
est 0,06. Pour ce même côté la probabilité de faire le
tric simple est 0,14714.

1er *et* 6) pour expression $^{182}/_{833} \times 0,14714 \times ^1/_2 = 0,01604$.

La somme de toutes ces chances de A pour gagner la partie, soit par les honneurs soit par les trics, est 0,60507.

Passons aux chances du côté B pour gagner la partie par les trics.

Nous observerons que les chances de gagner la partie en deux coups, seront pour B les mêmes que celles que nous venons de déterminer pour A, savoir : 0,04086+0,00214+0,01604=0,05904.

Pour B la probabilité de gagner la partie par le concours des deux éventualités que les honneurs seront égaux, que B fera le tric, est $^{325}/_{833} \times ^1/_2 = 0,19508$.

Pour la probabilité de gagner la partie par le concours des deux éventualités, qu'il ait 4 honneurs et 4 levées assurées, qu'il fasse le tric, a (*Probl.* 2 *et lem.* 5) pour expression $^{69}/_{1666} \times 0,86196 = 0,03075$.

Pour B la probabilité de gagner la partie par le concours des deux éventualités, qu'il ait 3 honneurs et 3 levées assurées, qu'il fasse le tric, a (*Probl.* 2 *et lem.* 6) pour expression $^{109}/_{833} \times 0,79286 = 0,17323$.

La somme de toutes ces chances de B pour gagner la partie, est 0,45810.

Ainsi dans la position de la partie où le côté qui fait est à 8, l'autre côté à neuf, les probabilités pour A et pour B seront dans le rapport de 0,60507 à 0,45810.

Dans cette solution nous avons supposé que 4 honneurs donnent 4 levées assurées, et 3 honneurs, 3 levées assurées. Or, toutes les compositions de jeu dans lesquelles les 4 honneurs se trouveraient partagés dans les mains de ces deux partners, n'assureraient pas 4 levées. Ni toutes les combinaisons de jeu dans lesquelles les 3 honneurs ne seraient pas les cartes les plus hautes des honneurs, ou dans lesquelles les 3 honneurs seraient partagés dans les jeux des deux partners n'assureraient pas 2 levées. Mais cette supposition a pour effet d'ôter des chances au côté qui est à 8 et d'en donner au côté qui est à 9. De là il suit que les probabilités du gain de la partie pour le côté qui donne et qui est à 8, et les probabilités pour le côté qui est à 9, sont dans le rapport d'un nombre plus grand que 0,60507 à un nombre plus petit que 0,45810. Il est donc démontré que dans la position de la partie où le côté qui fait est à 8, l'autre côté à 9, le côté qui est à 8 a une plus grande probabilité de gagner la partie.

PROBLÈME 5.

Dans la position contraire de la partie, celle où le côté qui fait est à 9, l'autre côté à 8, en suivant la même marche que dans le problème précédent, on trouverait que les probabilités en faveur du côté qui est à 8 sont aux probabilités en faveur du côté qui est à 9 dans le rapport d'un nombre plus grand que 42265 à un nombre plus petit que 57439. Mais ici le nombre auquel il convient d'ajouter se trouve plus petit que le nombre duquel il convient de retrancher. On ne peut donc tirer aucune conséquence de ce rapport et la question proposée reste sans solution.

PROBLÈME 6.

On suppose que les joueurs font la convention qu'un côté ne marquera que les points gagnés par les honneurs, que l'autre côté ne marquera que les points gagnés par les trics. On demande dans quel rapport seraient les chances de l'un et de l'autre côté?

Appelons A le côté qui ne marque que les points gagnés par les honneurs, B le côté qui ne marque que les points gagnés par les trics.

Comme les chances de A ne sont pas les mêmes s'il donne ou s'il coupe, nous prendrons les résultats des deux coups consécutifs.

Soit dans le premier de ces deux coups consécutifs A qui donne, son expectative de marquer 4 points en comptant 4 honneurs, est (*Probl.* 1er) $1127 : (13 \times 833 \times 4 = 0,18984$. Son expectative de marquer 2 points en comptant 3 honneurs est $^{234}/_{833} \times 2 = 0,57493$. Ainsi dans ce premier coup la somme de ses expectatives est $0,76477$.

Dans le second des deux coups consécutifs pour A, l'expectative de marquer 4 points en comptant 4 honneurs est (*probl.* 2) $69 : (2 \times 833) \times 4 = 0,16567$. Son expectative de marquer 2 points en comptant 3 honneurs est $^{182}/_{833} \times 2 = 0,43699$. Ainsi dans ce second coup la somme de ses expectatives est 0,59666.

Dans les deux coups consécutifs la somme des expectatives de A est 1,36143.

Quant à B il a dans les deux coups consécutifs les mêmes chances pour les trics.

Or (*Probl.* 3) son expectative de marquer 1 point en faisant un seul tric est en un coup $^{1766}/_{8192} \times 1$.

De marquer 2 points en faisant 2 trics est $^{1287}/_{8192} \times 2$.

De marquer 3 points en faisant 3 trics est $^{713}/_{8192} \times 3$.

De marquer 4 points en faisant 4 trics est $^{286}/_{8192} \times 4$.

De marquer 5 points en faisant 5 trics est $^{78}/_{8192} \times 5$.

De marquer 6 points en faisant 6 trics est $^{13}/_{8192} \times 6$.

En un coup la somme des expectatives de B est 0,96077 et en deux coups elle sera 1,92154.

Ainsi dans la supposition de cette convention entre les joueurs, les expectatives de A et de B seraient dans le rapport de 136741 à 192154, ou dans le rapport approché de 17 à 24.

COROLLAIRE.

Dans la partie ordinaire l'un ou l'autre côté marque les honneurs qu'il a et les trics qu'il fait.

Dans un coup de la partie ordinaire, par les honneurs, le côté qui donne a l'expectative 0,76477 de A, dans le premier des deux coups consécutifs qui se jouent dans le problème précédent; et le côté qui coupe a l'expectative 16567 de **A**, dans le second de ces deux coups consécutifs. Ainsi à tous les coups de la partie ordinaire la somme des expectatives par les honneurs pour le côté qui fait et pour le côté qui coupe est 1,36741.

Mais comme dans la partie ordinaire on n'est plus admis à compter les honneurs, lorsque l'on est à 9, il y aurait quelque chose à retrancher de cette valeur.

Par les trics, dans la partie ordinaire, le côté qui fait et le côté qui coupe, ont la même expectative. La valeur de cette expectative par les trics est (*Probl. précédent*) pour un seul côté 1,92154. Elle sera pour les deux côtés 2,84338.

Ainsi dans la partie ordinaire à tous les coups les expectatives par les honneurs sont aux expectatives par les trics, comme une quantité plus petite que 1,36741 à 2,84338, ou dans le rapport approché de 1 à 2. Il est donc probable qu'il se gagne deux fois plus de points par les trics que par les honneurs.

LE PIQUET.

Le piquet se joue avec 32 cartes entre deux joueurs : l'un est premier, l'autre dernier; celui-ci distribue les cartes, se donne 12 cartes, en donne 12 au premier : il reste un talon de 8 cartes. Le premier choisit dans son jeu 5 cartes qu'il met à l'écart, et il les remplace par 5 cartes qu'il prend dans le talon. Le dernier écarte 3 cartes et prend les 3 autres cartes du talon.

Or, dans l'écart il y a choix, et souvent incertitude dans le choix. Dans la rentrée, il y a pur hasard. Ce concours de choix, d'incertitude dans le choix, et de pur hasard dans la rentrée, multiplie tellement le nombre des différentes éventualités qu'il est impossible d'entreprendre de déterminer la probabilité de chacune de ces éventualités.

Nous commencerons donc par la supposition que les joueurs écartent comme s'ils connaissaient d'avance leur rentrée, ou que par la distribution des cartes, le premier a dans son jeu 17 cartes, dont il en met cinq à l'écart, et le dernier a 15 cartes, dont il en met 3 à l'écart.

Les déterminations qui suivent seront rigoureusement applicables au cas où l'un et l'autre joueur ont porté tout leur jeu.

LEMME 1er.

Si par la distribution des cartes et par la rentrée, ou en 17 cartes, le premier a 5 cartes d'une couleur, le dernier aura, en ses 15 cartes, les trois autres cartes de cette couleur. Ainsi, en ne considérant que le nombre de cartes dans une couleur, on formera le tableau suivant des compositions correspondantes des 17 cartes du premier et des 15 cartes du dernier.

Tableau n° 1ᵉʳ.

8,8,1,0...8,7,0,0 7,7,3,0...8,5,1,1 6,6,5,0...8,3,2,2
8,7,2,0...8,6,1,0 7,7,2,1...7,6,1,1 6,6,4,1...7,4,2,2
8,7,1,1...7,7.1,0 7,6,4,0...8,4,2,1 6,6,3,2:..6,5,2,2
8,6,3,0...8,5,2,0 7,6,3,1,..7,5,2,1 6,5,5,1...7,3,3,2
8,6,2,1...7,6,2,0 7,6,2,2...6,6,2,1 6,5,4,2.,.6,4,3,2
8,5,4,0...8,4,3,0 7,5,5,0...8,3,3,1 6,5,3,3...5,5,3,2
8,5,3,1...7,5,3,0 7,5,4,1...7,4,3,1 6,4,4,3...5,4,4,2
8,5,2,2...6,6,3,0 7,5,3,2...6,5,3,1 5,5,5,2...6,3,3,3
8,4,4,1...7,4,4,0 7,4,4,2...6,4,4,1 5,5,4,3...5,4,3,3
8,4,3,2...6,5,4,0 7,4,3,3...5,5,4,1 5,4,4,4...4,4,4,3
8,3,3,3...5,5,5,0

LEMME 2.

Par ce tableau, le nombre de cartes dans les quatre
couleurs se trouve donné pour chacune de ces trente-
une compositions des deux jeux. Mais si l'on a dans deux
couleurs un nombre de cartes différent, ces deux nombres différents de cartes dans deux couleurs différentes
sont susceptibles de deux permutations. Donc, à raison
de ces permutations, les compositions du tableau précé-
dent auront différents multiples, savoir, $\frac{4}{1}.\frac{3}{1}.\frac{2}{1}.\frac{1}{1}$, dans
les compositions où les quatre couleurs se trouvent en
nombre différents; $\frac{4}{1}.\frac{3}{2}.\frac{2}{1}.\frac{1}{1}$, dans celles où deux couleurs se trouvent en même nombre; $\frac{4}{1}.\frac{3}{2}.\frac{2}{3}.\frac{1}{1}$, dans
celles ou trois couleurs se trouvent en même nombre.

LEMME 3.

Comme il y a huit cartes dans une couleur, 7 cartes d'une couleur sont susceptibles d'un nombre de combinaisons qui a pour expression $\frac{8}{1}.\frac{7}{2}.\frac{6}{3}.\frac{5}{4}.\frac{4}{5}.\frac{3}{6}.\frac{2}{7}=8$; 6 cartes sont susceptibles du nombre de combinaisons $\frac{8}{1}.\frac{7}{2}.\frac{6}{3}.\frac{5}{4}.\frac{4}{5}.\frac{3}{6}=28$; 5 cartes sont susceptibles du nombre de combinaisons .... $\frac{8}{1}.\frac{7}{2}.\frac{6}{3}.\frac{5}{4}.\frac{4}{5}=56$; 4 cartes sont susceptibles du nombre de combinaisons $\frac{8}{1}.\frac{7}{2}.\frac{6}{3}.\frac{5}{4}=70$; 3 cartes sont susceptibles du nombre de combinaisons $\frac{8}{1}.\frac{7}{2}.\frac{6}{3}=56$; 2 cartes sont susceptibles du nombre de combinaisons $\frac{8}{1}.\frac{7}{2}=28$; une seule carte est l'une des 8 cartes de sa couleur, ce qui donne huit variations.

On donnera donc pour facteurs à chacune des trente-une compositions de jeux du tableau numéro 1er, les nombres qui, par les lemmes 2 et 3, sont applicables à chacune de ces compositions, et l'on composera le tableau suivant :

Tableau n° 2.

$$8,8,1,0 \ldots 8,7,0,0 \quad \frac{4.3.2.1}{1.2.1.1} \times \quad 1 \times 1 \times 8 \quad = \quad 96,$$

$$8,7,2,0 \ldots 8,6,1,0 \quad \frac{4.3.2.1}{1.1.1.1} \times \quad 1 \times 8 \times 28 \quad = \quad 5376,$$

$$8,7,1,1 \ldots 7,7,1,0 \quad \frac{4.3.2.1}{1.1.1.2} \times \quad 1 \times 8 \times 8 \times 8 = \quad 6144,$$

$$8,6,3,0 \ldots 8.5,2,0 \quad \frac{4.3.2.1}{1.1.1.1} \times \quad 1 \times 28 \times 56 \quad = \quad 37632,$$

$$8,6,2,1 \ldots 7,6,2,0 \quad \frac{4.3.2.1}{1.1.1.1} \times \quad 1 \times 28 \times 28 \times 8 = \quad 75264,$$

$$8.5,4,0 \ldots 8,4,3,0 \quad \frac{4.3.2.1}{1.1.1.1} \times \quad 1 \times 56 \times 70 \quad = \quad 94080,$$

$$8,5,3,1 \ldots 7,5,3,0 \quad \frac{4.3.2.1}{1.1.1.1} \times \quad 1 \times 56 \times 56 \times 8 = \quad 602112,$$

$$8,5,2,2 \ldots ,6,6,3,0 \quad \frac{4.3.2.1}{1.1.1.2} \times \quad 1 \times 56 \times 28 \times 28 = \quad 526848,$$

$$8,4,4,1 \ldots 7,4,4,0 \quad \frac{4.3.2.1}{1.1.2.1} \times \quad 1 \times 70 \times 70 \times 8 = \quad 470400,$$

$$8,4,3,2 \ldots 6,5,4,0 \quad \frac{4.3.2.1}{1.1.1.1} \times \quad 1 \times 70 \times 56 \times 28 = \quad 2634240,$$

$$8,3,3,3 \ldots 5,5,5,0 \quad \frac{4.3.2.1}{1.1.2.3} \times \quad 1 \times 56 \times 56 \times 56 = \quad 702464,$$

$$7,7,3,0 \ldots 8,5,1,1 \quad \frac{4.3.2.1}{1.2.1.1} \times \quad 8 \times 8 \times 56 \quad = \quad 43008,$$

$$7,7,2,1 \ldots 7,6,1,1 \quad \frac{4.3.2.1}{1.2.1.1} \times \quad 8 \times 8 \times 28 \times 8 = \quad 172032,$$

$$6,4,0 \ldots 8,4,2,1 \quad \frac{4.3.2.1}{1.1.1.1} \times \quad 8 \times 28 \times 70 \quad = \quad 376320,$$

$$6\ 3,1 \ldots ,6,5,2,1 \quad \frac{4.3.2.1}{1.1.1.1} \times \quad 8 \times 28 \times 56 \times 8 = \quad 2840448,$$

$$6,2,2 \ldots 6,6,21, \quad \frac{4.3.2.1}{1.1.1.2} \times \quad 8 \times 28 \times 28 \times 28 = \quad 2107392,$$

Suite du tableau n° 2.

$$7,5,5,0\ldots8,3,3,1 \quad \frac{4.3.2.1}{1.1.2.1} \times \quad 8\times56\times56 \quad = \quad 300816,$$

$$7,5,4,1\ldots7,4,3,1 \quad \frac{4.2.2.1}{1.1.1.1} \times \quad 8\times56\times70\times\ 8= \quad 6021120,$$

$$7,5,3,2\ldots6,5,3,1 \quad \frac{4.3.2.1}{1.1.1.1} \times \quad 8\times56\times56\times28= 16859136,$$

$$7,4,4,2\ldots6,4,4,1 \quad \frac{4.3.2.1}{1.1.2.1} \times \quad 8\times70\times70\times28= 13171200,$$

$$7,4,3,3\ldots5,5,4,1 \quad \frac{4.3.2.1}{1.1.2.1} \times \quad 8\times70\times56\times56= 21073920,$$

$$6,6,5,0\ldots8,3,3,2 \quad \frac{4.3.2.1}{1.2.1.1} \times \quad 28\times28\times56 \quad = \quad 526848,$$

$$6,6,4,1\ldots7,4,2,2 \quad \frac{4.3.2.1}{1.2.1.1} \times \quad 28\times28\times70\times\ 8= \quad 5268480,$$

$$6,6,3,2\ldots6,5,2,2 \quad \frac{4.3.2.1}{1.2.1,1} \times \quad 28\times28\times56\times28= 14751744,$$

$$6,5,5,1\ldots7,3,3,2 \quad \frac{4.3,2.1}{1.1.2.1} \times \quad 28\times56\times56\times\ 8= \quad 8422848,$$

$$6,5,4,2\ldots6,4,3,2 \quad \frac{4.3.2.1}{1.1.1.1} \times \quad 28\times56\times70\times28= 73758720,$$

$$6,5,3,3\ldots5,5,3,2 \quad \frac{4.3.2.1}{1.1.1.2} \times \quad 28\times56\times56\times56= 59006976,$$

$$6,4,4,3\ldots5,4,4,2 \quad \frac{4.3.2.1}{1.1.2.1} \times \quad 28\times70\times70\times56= 92198400,$$

$$5,5,5,2\ldots6,3,3,3 \quad \frac{4.3.2.1}{1.2.3.1} \times \quad 56\times56\times56\times28= 19668992,$$

$$5,5,4,3\ldots5,4,3,3 \quad \frac{4.3.2.1}{1.1.1.2} \times \quad 56\times56\times70\times56=147517440,$$

$$5,4,4,4\ldots4,4,4,3 \quad \frac{4.3.2.1}{1.1.2.3} \times \quad 56\times70\times70\times70= 76832000,$$

Le nombre des compositions du jeu qui se borne à 31 dans le tableau numéro 1, dans le présent tableau numéro 2, s'élève à 551,663,597.

LEMME 4.

Dans ce tableau n° 2, par chacune de ces différentes compositions des 17 cartes du premier, chaque carte se trouve désignée par sa couleur et par son rang dans sa couleur. Par une conséquence nécessaire, les 15 cartes du dernier se trouvent également désignées, et par une autre conséquence aussi nécessaire, la probabilité des compositions des 17 cartes du premier est la même que la probabilité de la composition correspondante des 15 cartes du dernier, et réciproquement.

LEMME 5.

DU POINT.

Celui qui a dans son jeu le plus grand nombre de cartes dans une couleur compte le point. Si le premier et le dernier ont au point le même nombre de cartes, celui des deux qui a le plus grand nombre de points par la qualité des cartes compte le point ; et s'il se trouve égalité de points par la qualité des cartes, le point est égal : ni l'un ni l'autre ne le compte.

Le premier ayant dix-sept cartes tant par la distribution des cartes que par la rentrée, a nécessairement dans ses **17** cartes au moins cinq cartes d'une même couleur, ou cinq cartes au point, comme on peut le voir au tableau n° 2.

Si le premier et le dernier ont l'un et l'autre les 8 cartes d'une couleur au point, nécessairement le point est égal.

Si le premier et le dernier ont dans une seule couleur le même nombre de cartes au point, trois éventualités différentes peuvent être le résultat du nombre de points qu'ils ont à compter. Le premier, comme le dernier, peut avoir la supériorité des points. Le nombre des points peut être égal. La probabilité du point égal a pour expression le rapport du nombre des compositions de cartes pour un seul point, au nombre des compositions de cartes pour tous les points différents, et dans le cas où les cartes du premier et du dernier comptent pour des points différents, la probabilité d'avoir la supériorité du point est égale pour le premier et pour le dernier.

LEMME 6.

Dans les couleurs, les quatre cartes qui comptent pour le même point seront représentées par une lettre commune a, les quatre cartes qui comptent pour des points différents seront représentées par l'une des quatres lettres $b, c, d, e,$

La composition des huit cartes d'une couleur est représentée par la combinaison a^4, b, c, d, e.

Sept cartes d'une couleur sont susceptibles de deux compositions a^4bcde^0 et a^3bcde dans la première, l'exposant 4 ne peut reposer que sur la lettre a, l'exposant zéro peut reposer également sur chacune des lettres b,c,d,e; or le nombre des permutations de cette combinaison d'exposants a pour expression $1 \times {}^4/_1 \cdot {}^3/_2 \cdot {}^2/_3 \cdot {}^1/_1 = 4$. Ainsi cette première composition de sept cartes comportent quatre combinaisons qui comptent pour des points différents.

Quant à la seconde composition de 7 cartes comme, l'exposant 3 ne peut reposer que sur la lettre a, elle ne comporte qu'une seule combinaison.

Sept cartes d'une couleur sont donc susceptibles de cinq combinaisons qui comptent pour des points différents. Ainsi, lorsque le premier et le dernier ont l'un et l'autre 7 cartes au point, les probabilités ou du point égal, ou de la supériorité du point pour le premier, ou de la supériorité du point pour le dernier, ont (lem. 5) pour expression ${}^1/_5, {}^4/_5 \times {}^1/_2, {}^4/_5 \times {}^1/_2$, ou sont dans le rapport des nombres 1, 2 et 2.

LEMME 7.

Six cartes d'une couleur sont susceptibles de ces trois compositions $a^4bcd^0e^0$, a^3bcde^0, a^2bcde.

En opérant comme dans le lemme précédent sur la combinaison des exposants de ces trois compositions de 6 cartes, on trouvera que la première comporte six combinaisons qui comptent pour des points différents, la seconde 4, la troisième une seule. Six cartes d'une couleur sont donc susceptibles de onze combinaisons qui comptent pour des points différents, et lorsque le premier et le dernier ont l'un et l'autre six cartes au point, les probabilités ou du point égal ou de la supériorité du point pour le premier ou de la supériorité du point pour le dernier, ont (lem. 5) pour expression $\frac{1}{11}$, $\frac{10}{11} \times \frac{1}{2}$, $\frac{10}{11} \times \frac{1}{2}$, ou sont dans le rapport des nombres 1,5,5.

LEMME 8.

Cinq cartes d'une couleur sont susceptibles de ces 4 compositions $a^4bc^0d^0e^0$, $a^3bcd^0e^0$, a^2bcde^0, $abcde$, qui comportent 15 combinaisons qui comptent pour des points différents, et lorsque le premier et le dernier ont l'un et l'autre cinq cartes au point, les probabilités ou du point égal ou de la supériorité du point pour le premier ou de la supériorité du point pour le dernier, ont pour expression $\frac{1}{15}$, $\frac{14}{15} \times \frac{1}{2}$, $\frac{14}{15} \times \frac{1}{2}$ ou sont dans le rapport des membres 1,7,7.

PROBLÈME 1er.

Déterminer en faveur du premier et en faveur du dernier la probabilité d'avoir le point.

Dans le tableau n° 1, on voit que par les 14 compositions de jeu, la 3ᵉ, 5ᵉ, 7ᵉ, 8ᵉ, 9ᵉ, 10ᵉ, 11ᵉ, 16ᵉ, 19ᵉ, 20ᵉ, 21ᵉ, 27ᵉ, 28ᵉ et 31ᵉ, le premier a le plus grand nombre de cartes dans l'une des quatre couleurs, et par conséquent le point. Dans le tableau n° 2, le nombre de ces 14 compositions de jeu s'élève à 287,320,192.

Dans le tableau n° 1, on voit que par les 7 compositions de jeu, la 12ᵉ, 14ᵉ, 17ᵉ, 22ᵉ, 23ᵉ, 25ᵉ et 29ᵉ, le dernier a le plus grand nombre de cartes dans l'une des quatre couleurs, et par conséquent le point. Dans le tableau n° 2, le nombre de ces 7 compositions de jeu s'élève à 34,607,312.

Dans le tableau n° 1, on voit que par les quatre compositions de jeu, la 1ʳᵉ, 2ᵉ, 4ᵉ et 6ᵉ, le premier et le dernier ont les huit cartes dans une couleur, ce qui donne nécessairement le point égal. Dans ce tableau n° 2, le nombre de ces quatre compositions de jeu s'élève à 137,184.

On voit au tableau n° 1 que dans les 13ᵉ, 15ᵉ et 18ᵉ compositions de leurs cartes, le premier et le dernier ont l'un et l'autre sept cartes au point. Les nombres de ces trois compositions de cartes sont au tableau n° 2,

172032, 2408448, 6021120, la somme de ces nombres est 8601600; or, dans ces compositions, les nombres de celles qui donnent le point égal, de celles qui donnent la supériorité ou point au premier, de celles qui la donnent au dernier, ont (Lem. 6) pour expression $8601600 \times \frac{1}{5}$, $8601600 \times \frac{2}{5}$, $8601600 \times \frac{2}{5}$, ou 1720320, 3440640, 3440640.

On voit au tableau n° 1 que dans les 24e et 26e compositions de leurs cartes le premier et le dernier ont l'un et l'autre six cartes au point. Au tableau n° 2, les nombres de ces deux compositions de cartes sont 14751742 et 73758 720. La somme de ces deux nombres 88510464. Or, dans ces compositions les nombres de celles qui donnent le point égal, qui donnent la supériorité du point au premier, qui la donnent au dernier, ont (Lem. 7) pour expression $88510464 \times \frac{1}{11}$, $88510464 \times \frac{5}{11}$, $88510464 \times \frac{5}{11}$ ou 8004642, 40232030, 40232030.

On voit au tableau n° 1 que dans la 3e composition de leurs cartes, le premier et le dernier ont l'un et l'autre, cinq cartes au point. Au tableau n° 2, le nombre de cette composition de cartes est 147517440, or, dans cette composition de cartes, les nombres de celles qui donnent le point égal, qui donnent la supériorité du point au premier, qui la donnent au dernier, ont (*Lem.* 8) pour expression $147517440 \times \frac{1}{15}$, $147517440 \times \frac{7}{15}$, $147517440 \times \frac{7}{15}$ ou 9834496, 68841472, 68841472.

En récapitulant, le nombre des compositions de jeu

qui donnent la supériorité du point au premier est
401441172.

Le nombre des compositions de jeu qui donnent la
supériorité du point au dernier est 147121454.

Le nombre des compositions de jeu qui donnent le
point égal est 19696642.

LEMME 9.

DES QUINTES.

Par le problème 12, si dans les 8 cartes d'une couleur
on en prend cinq au hasard, la probabilité que ces cinq
cartes se suivront a pour expression $\frac{1}{8}.\frac{2}{7}.\frac{3}{6}.\frac{4}{5}.\frac{5}{5}=\frac{1}{14}$.

Dans les 8 cartes d'une couleur, le nombre des combinaisons de six cartes est $\frac{8}{1}.\frac{7}{2}.\frac{6}{3}.\frac{5}{4}.\frac{4}{5}.3=28$.

Si dans les 8 cartes d'une couleur on en prend 6 au
hasard, la probabilité que ces six cartes se suivront a
pour expression $\frac{1}{8}.\frac{2}{7}.\frac{3}{6}.\frac{4}{5}.\frac{5}{5}.6=\frac{3}{28}$.

Si dans une des trois combinaisons de 6 cartes qui se
suivent, on substitue soit à la plus haute, soit à la plus
basse carte, une des deux cartes qui sont en dehors de
cette combinaison, on aura quatre combinaisons de 6
cartes qui se suivent. Les trois combinaisons de 6 cartes
dans lesquelles se trouvent cinq cartes qui se suivent
donneront donc douze combinaisons de 6 cartes, dans
lesquelles se trouvent 5 cartes qui se suivent. Ainsi la

probabilité d'avoir une quinte en 6 cartes d'une couleur a pour expression $^{12}/_{28} = ^3/_7$.

Dans les 8 cartes d'une couleur, le nombre des combinaisons de 7 cartes est $^8/_1 . ^7/_2 . ^6/_3 . ^5/_4 . ^4/_5 . ^3/_6 . ^2/_7 = 8$.

Si dans les 8 cartes d'une couleur, on en prend sept au hasard, la probabilité que ces sept cartes se suivront a pour expression $^1/_8 . ^2/_7 . ^3/_6 . ^4/_5 . ^5/_4 . ^6/_3 . 7 = ^2/_8$.

Si dans l'une de ces deux combinaisons de 7 cartes qui se suivent, on substitue à l'une des 3 cartes les plus hautes la carte qui est en dehors de cette combinaison, on aura trois combinaisons de 7 cartes, dans lesquelles se trouvent 5 cartes qui se suivent. Si dans l'autre combinaison de 7 cartes qui se suivent on substitue à l'une des 3 cartes les plus basses la carte qui est en dehors de cette combinaison, on aura de même trois combinaisons, dans lesquelles se trouvent 5 cartes qui se suivent. On obtiendra donc six combinaisons de 7 cartes, dans lesquelles se trouvent 5 cartes qui se suivent. Ainsi la probabilité d'avoir une quinte en 7 cartes d'une couleur a pour expression $^6/_8 = ^3/_4$.

Dans les 8 cartes d'une couleur se trouve nécessairement une quinte. La probabilité d'avoir une quinte dans 8 cartes d'une couleur a pour expression l'unité.

LEMME 10.

Dans les 8 cartes d'une couleur se trouvent 2 dix-septièmes, 3 seizièmes et 4 quintes.

Le premier, et le dernier ayant une dix-septième, la probabilité qu'elles seront égales est $\frac{1}{2}$, les probabilités d'avoir la dix-septième supérieure sont égales pour le premier et le dernier, et ont pour expression $\frac{1}{4}$. Le premier et le dernier ayant une seizième, les probabilités qu'elles seront égales, ou que le premier aura la seizième supérieure ou que le dernier aura la seizième supérieure sont égales et ont pour expression $\frac{1}{3}$. Le premier et le dernier ayant une quinte, la probabilité qu'elles seront égales est $\frac{1}{4}$. Les probabilités d'avoir la quinte supérieure est la même pour le premier et pour le dernier; elle a pour expression $\frac{3}{8}$.

PROBLÈME 2.

Prenant dans le tableau numéro 1er, une des compositions des cartes du premier et des cartes du dernier qui sont dépendantes l'une de l'autre, déterminer pour le premier et pour le dernier la probabilité d'avoir, soit une seizième, soit une quinte supérieure.

Prenons pour exemple la composition 6,6,3 et 2 des cartes du premier, et 6,5,2 et 2 des cartes du dernier.

1°. La probabilité d'avoir une seizième en 6 cartes (*Lem.* 9) est $\frac{3}{28}$, la probabilité de n'en avoir point serait $\frac{25}{28}$. Avec 6 cartes en deux couleurs, la probabilité de n'avoir point une seizième, serait $\frac{25}{28} \times \frac{25}{28} = \frac{625}{584}$. Et la probabilité d'en avoir au moins une, sera $1 - \frac{625}{784} = \frac{159}{784}$.

2°. La probabilité d'avoir une quinte en six cartes d'une couleur (*Lem* 9) est $^{12}/_{28}$. La probabilité de n'en avoir point, serait $^{16}/_{28}$. La probabilité avec six cartes en deux couleurs de n'avoir point une quinte serait $^{16}/_{28} \times {}^{16}/_{28} = {}^{256}/_{784}$, et la probabilité d'en avoir une au moins est $1 - {}^{256}/_{784} = {}^{528}/_{784}$.

3°. La probabilité d'avoir une quinte en 5 cartes d'une couleur (*Lem* 9) est $^{2}/_{28}$; la probabilité de n'en avoir point serait $^{26}/_{28}$. La probabilité avec 6 cartes en une couleur et 5 cartes en une autre couleur, de n'avoir point de quinte serait $^{16}/_{28} \times {}^{26}/_{28} = {}^{416}/_{784}$. Ainsi la probabilité d'en avoir une au moins, est $1 - {}^{416}/_{784} = {}^{368}/_{784}$.

4°. Nous venons de voir que pour le premier qui a 6 cartes en deux couleurs, la probabilité d'avoir une seizième est $^{159}/_{784}$; pour le dernier qui n'a 6 cartes qu'en une couleur, la probabilité d'avoir une seizième (*Lem.* 9) est $^{5}/_{28}$; pour le premier et pour le dernier qui auraient l'un et l'autre une seizième, la probabilité d'avoir la seizième supérieure, (*Lem.* 10) est $^{1}/_{3}$. Ainsi, la probabilité d'avoir une seizième supérieure par le concours de ces trois éventualités est pour le premier comme pour le dernier $^{159}/_{784} \times {}^{5}/_{28} \times {}^{1}/_{3} = 0,00724$.

5°. La probabilité du concours de ces trois éventualités que le premier ait une seizième, que le dernier n'en ait point, est $^{159}/_{784} \times {}^{23}/_{28} = 0,18110$.

6°. Nous venons de voir que pour le premier qui a 6

cartes en deux couleurs, la probabilité d'avoir une quinte est $^{528}/_{784}$, que pour le dernier qui a 6 cartes en une couleur et 5 cartes en une autre couleur, cette probabilité est $^{368}/_{784}$. Pour le premier comme pour le dernier qui auraient l'un et l'autre une quinte, la probabilité d'avoir la quinte supérieure (*Lem* 10) est $^{3}/_{8}$; ainsi la probabilité d'avoir une quinte supérieure par le concours de ces trois éventualités est pour le premier comme pour le dernier $^{528}/_{784} \times {}^{368}/_{784} \times {}^{3}/_{8} = 0,11838$.

7°. La probabilité du concours de ces deux éventualités que le premier ait une quinte et que le dernier n'en ait point, est $^{528}/_{784} \times {}^{416}/_{784} = 0,36543$.

8°. La probabilité du concours de ces deux éventualités que le dernier ait une seizième et que le premier n'en ait point est $^{3}/_{28} \times {}^{625}/_{784} = 0,08553$.

9°. Enfin la probabilité du concours de ces deux éventualités que le dernier ait une quinte et que le premier n'en ait point est $^{368}/_{784} \times {}^{256}/_{784} = 0,15327$.

En récapitulant, dans cette composition 6,6,3 et 2 des 17 cartes du premier, dans la composition 6,5,2 et 2 des 15 cartes du dernier, la probabilité d'avoir pour le premier, soit une seizième, soit une quinte supérieure a (*Nomb.* 4,5,6 et 7) pour expression 0,69086.

Pour le dernier, la probabilité d'avoir, soit une seizième, soit une quinte supérieure a (*Nomb.* 4,6,8 et 9) pour expression 0,38163.

Ainsi ces probabilités sont dans le rapport de 69086 à 38163.

PROBLÈME 3.

Dans cette même composition des cartes du premier et du dernier, déterminer les probabilités d'avoir soit deux seizièmes, soit une seizième et une quinte, soit deux quintes.

Pour le premier, la probabilité d'avoir deux seizièmes est (*Lem.* 9) $\frac{3}{8} \times \frac{3}{8}$, celle d'avoir une seizième et une quinte $\frac{3}{8} \times \frac{12}{28} \times \frac{2}{1} \times \frac{1}{1}$, celle d'avoir deux quintes $\frac{12}{28} \times \frac{12}{28}$.

Pour le dernier, la probabilité d'avoir une seizième et une quinte est $\frac{5}{28} \times \frac{12}{28} \times \frac{2}{1} \times \frac{1}{1}$, celle d'avoir deux quintes $\frac{12}{28} \times \frac{2}{8}$.

PROBLÈME 4.

DES QUATORZES.

Déterminer dans une composition donnée des cartes du premier et des cartes du dernier, la probabilité en faveur de l'un et de l'autre d'avoir un quatorze.

On distingue dans chaque couleur 5 cartes hautes dont le quatorze se compte, et trois basses cartes dont le quatorze ne se compte pas.

On ne peut pas avoir de quatorze sans avoir dans la composition de ses cartes, des cartes dans les quatre couleurs. Nous prendrons encore ici pour exemple la même composition des cartes du premier et du dernier savoir : 6,6,3 et 2, 6,5,2 et 2.

Dans la quatrième couleur ou le premier a deux cartes, elles sont deux cartes hautes.

La probabilité de cette première éventualité est $\frac{5}{8} \times \frac{4}{7} = \frac{20}{56}$.

Dans les 3 cartes de la troisième couleur se trouvent les deux mêmes cartes hautes ; la probabilité de cette seconde éventualité $\frac{2}{8} \cdot \frac{1}{7} \cdot \frac{6}{6} \times \frac{3}{1} \cdot \frac{2}{2} \cdot \frac{1}{1} = \frac{6}{56}$.

Dans les six cartes de la seconde et de la première couleur se trouvent les mêmes deux cartes hautes, la probabilité de chacune de ces deux éventualités est $\frac{2}{8} \cdot \frac{1}{7} \cdot \frac{6}{6} \cdot \frac{5}{5} \cdot \frac{4}{4} \cdot \frac{3}{3} \times \frac{6}{1} \cdot \frac{5}{2} \cdot \frac{4}{1} \cdot \frac{3}{2} \cdot \frac{2}{3} \cdot \frac{1}{4} = \frac{30}{56}$.

Pour le premier, la probabilité d'avoir deux quatorzes par le concours de ces quatre éventualités est $\frac{20}{56} \times \frac{6}{56} \times \frac{30}{56} \times \frac{30}{80} = 0,01098$.

La probabilité de n'avoir dans la première couleur ni l'une ni l'autre des 2 cartes hautes de la quatrième couleur, serait $\frac{6}{8} \times \frac{5}{7} \cdot \frac{4}{6} \cdot \frac{3}{5} \cdot \frac{2}{4} \cdot \frac{1}{3} = \frac{2}{56}$. La probabilité, ou de les avoir toutes deux, ou d'avoir au moins l'une des deux, serait $1 - \frac{2}{56} = \frac{54}{56}$. Enfin la probabilité d'avoir une seule des deux, est $\frac{54}{56} - \frac{30}{56} = \frac{24}{56}$.

Cela posé, la probabilité du concours de ces 4 éventualités, avoir dans la troisième ces mêmes 2 cartes hautes, avoir dans la quatrième couleur ces 2 cartes hautes, les avoir aussi dans la seconde et dans la première, n'avoir qu'une seule de ces 2 cartes, a pour expression $\frac{20}{56} \times \frac{6}{56} \times \frac{30}{56} \times \frac{24}{56} = 0,00878$.

Dans la seconde couleur où le nombre de cartes est le même que dans la première, la probabilité d'avoir une seule des 2 cartes hautes de la quatrième couleur serait $\frac{24}{56}$. Ensuite la probabilité d'avoir la même carte dans la première couleur sera $\frac{6}{8}$. Ainsi la probabilité du concours de ces 4 éventualités, deux cartes hautes dans la quatrième couleur, les deux mêmes cartes hautes dans la troisième couleur, une seule de ces deux cartes dans la seconde couleur, et cette même carte dans la première couleur a pour expression $\frac{20}{56} \times \frac{6}{56} \times \frac{24}{56} \times \frac{6}{8} = 0,01229$.

La probabilité de n'avoir dans la troisième couleur ni l'une ni l'autre des deux cartes hautes de la quatrième couleur serait $\frac{6}{8} . \frac{5}{7} \times \frac{4}{6} = \frac{20}{56}$. La probabilité ou de les avoir toutes les deux, ou d'avoir l'une des deux serait $1 - \frac{20}{56} = \frac{36}{56}$, et la probabilité d'avoir une seule des deux est $\frac{36}{56} - \frac{6}{56} = \frac{30}{56}$. Ensuite la probabilité d'avoir cette même carte dans la seconde couleur sera $\frac{6}{8}$, de l'avoir dans la première sera $\frac{6}{8}$ et la probabilité du concours des quatre éventualités a pour expression $\frac{20}{56} \times \frac{30}{56} \times \frac{6}{8} \times \frac{6}{8} = 0,10762$.

Enfin la probabilité de n'avoir dans la quatrième couleur qu'une seule carte haute est $\frac{5}{8}$. Les probabilités d'avoir cette carte dans les 3e, 2e et 1re couleurs sont $\frac{3}{8}$, $\frac{6}{8}$, $\frac{6}{8}$. Ainsi les probabilités du concours des quatre éventualités précédentes a pour expression $\frac{5}{8} \times \frac{3}{8} \times \frac{6}{8} \times \frac{6}{8} =$ 0,13184.

On voit donc que dans la composition donnée des cartes du premier, la probabilité pour lui d'avoir un seul quatorze est $0,00878 + 0,01229 + 0,10761 + 0,13184 = 0,22053$.

Dans la composition correspondante des 15 cartes du dernier, on trouverait par des opérations semblables que pour le dernier la probabilité d'avoir deux quatorze a pour expression 0,00234. Que la probabilité d'avoir un seul quatorze a pour expression 0,15640.

COROLLAIRE 1er.

La probabilité de cette composition des cartes du premier et des cartes du dernier, a (*tabl.* n° 2) pour expression $14751744 : 551663597 = 0,02674$.

Ainsi, avant de donner les cartes, pour le premier la probabilité d'avoir par cette composition de ses cartes deux quatorze a pour expression $0,01098 \times 0,02674 = 0,00019$; la probabilité d'avoir un seul quatorze, a pour expression $0,22053 \times 0,02674 = 0,000596$, la probabilité de l'une ou de l'autre de ces deux éventualités est $0,00596 + 0,00019 = 0,00615$.

Pour le dernier la probabilité d'avoir deux quatorze a pour expression $0,00234 \times 0,02674 = 0,00006$. La probabilité d'avoir un seul quatorze a pour expression 0,15640

$\times 0,02674 = 0,00418$. La probabilité de l'une ou de l'autre de ces deux éventualités est $0,00418 + 0,00006 = 0,00424$.

COROLLAIRE 2.

En opérant de la même manière sur toutes les compositions des cartes du premier et du dernier dans le tableau n° 2, on déterminerait les probabilités en leur faveur avant de donner les cartes, d'avoir, deux quatorze ou un seul quatorze ou la probabilité de l'une de ces deux éventualités.

PROBLÈME 5.

Avant de donner les cartes, déterminer la probabilité du concours de ces quatre éventualités. D'avoir la composition des cartes qui nous a servi d'exemple, et d'avoir le point, quinte et quatorze.

La première de ces quatre éventualités a (*probl. 4, cor. 1er*) pour expression de sa probabilité $0,02674$.

La probabilité de la seconde a (*lem. 7*) pour expression $^3/_{11}$ en faveur du premier comme du dernier.

La probabilité de la troisième a (*probl. 2*) pour expression en faveur du premier, $0,79086$, et en faveur du dernier, $0,38163$.

La probabilité de la quatrième a (*Prob. 4, cor. 2*) pour expression en faveur du premier $0,00615$ et en faveur du dernier, $0,00424$.

Ainsi la probabilité du concours de ces quatre éventualités est en faveur du premier, $0,02674 \times {}^{5}/_{11} \times 0,79086 \times 0,00615 = 0,00005$, et en faveur du dernier, $0,02674 \times {}^{5}/_{11} \times 0,38163 \times 0,00424 = 0,00002$.

Après avoir déterminé dans toutes les autres compositions des cartes du 1ᵉʳ et du dernier dans le tableau numéro 2, les probabilités en faveur de l'un et de l'autre d'avoir le point, quinte et quatorze. La somme de ces probabilités en faveur du premier, et leur somme en faveur du dernier serait pour l'un et pour l'autre l'expression de la probabilité d'avoir le point, une quinte supérieure et un quatorze, chaque fois que l'on donne les cartes.

REMARQUE.

A la seule inspection du tableau numéro 2, on trouve huit compositions des 17 cartes du premier, savoir : les 1ʳᵉ, 2ᵉ, 4ᵉ, 6ᵉ, 12ᵉ, 14ᵉ et 17ᵉ, dans lesquelles n'entrant que trois couleurs, le premier ne peut avoir un quatorze. D'un autre côté on trouve trois compositions des cartes du premier, savoir : les 13ᵉ, 15ᵉ et 29ᵉ, où n'ayant dans aucune couleur ni l'égalité ni la supériorité du nombre de cartes au point, il ne peut avoir le point. Ainsi sur les trente-une compositions des cartes du premier, il n'y en a que vingt dans lesquelles il puisse réunir ces trois conditions, une quinte supérieure, un quatorze et le point, le nombre des combinaisons dans ces onze compositions des cartes du premier, est 35003156 qui retranché de 551663597, nombre total des combinaisons dans les trente-une compositions des cartes, reste le nombre 516660441 de combinaisons où sous les conditions des problèmes 2 et 4, le premier peut avoir une quinte supérieure, un quatorze et le point.

Pour le dernier comme il n'entre que trois couleurs dans les onze premières compositions de ses 15 cartes, il ne peut avoir un quatorze d'un autre côté dans les 16e, 19e, 20e, 21e, 27e 28e et 31e, il ne peut avoir le point. Le nombre des combinaisons de ces 18 combinaisons des cartes du dernier est 213403880, qui retranché du nombre total des combinaisons reste le nombre 338259717 de combinaisons, où sous les conditions des problèmes 2 et 4, le dernier peut avoir une quinte supérieure un quatorze et le point.

Le nombre des combinaisons où le premier peut les avoir est au nombre de celles où le dernier peut les avoir dans le rapport de 516660441 à 338259717, ou dans le rapport approché de 516 à 338.

PROBLÈME 6.

DES AS.

Déterminer, avant de donner les cartes, la probabilité d'avoir les as en faveur de l'un des joueurs.

Pour le premier, la probabilité d'avoir 4 as est $\frac{4}{32}\times$

$\frac{3}{31} \cdot \frac{2}{30} \cdot \frac{1}{29} \times \frac{17}{1} \cdot \frac{16}{2} \cdot \frac{15}{3} \cdot \frac{14}{4} \times 2\frac{8}{28} \cdot \frac{27}{27} \cdot \cdot \cdot \cdot \cdot \cdot \cdot \frac{15}{15}$ expression qui se réduit à $\frac{17}{32} \cdot \frac{16}{31} \cdot \frac{15}{30} \cdot \frac{14}{29} = 0{,}06619$.

La probabilité d'avoir 3 as est $\frac{4}{32} \cdot \frac{3}{31} \cdot \frac{2}{3} \times \frac{17}{1} \cdot \frac{16}{2} \cdot \frac{15}{3} \times \frac{28}{29} \cdot \frac{27}{28} \cdot \cdot \frac{15}{16}$; expression qui se réduit à $\frac{17}{32} \cdot \frac{16}{31} \cdot \frac{15}{30} \times \frac{4}{1} \cdot \frac{3}{2} \cdot \frac{2}{3} \times \frac{15}{29} = 0{,}28296$.

La probabilité d'avoir 2 as est $\frac{4}{32} \cdot \frac{3}{31} \times \frac{17}{1} \cdot \frac{16}{2} \times \frac{28}{30} \cdot \frac{27}{29} \cdot \frac{26}{28} \cdot \cdot \cdot \cdot \cdot \cdot \frac{15}{17} \cdot \frac{14}{16}$; expression qui se réduit à $\frac{17}{32} \cdot \frac{16}{31} \times \frac{4}{1} \cdot \frac{3}{2} \times \frac{15}{30} \cdot \frac{14}{29} = 0{,}39715$.

La probabilité d'avoir un seul as est $\frac{4}{32} \cdot \frac{17}{1} \times \frac{28}{31} \cdot \cdot \frac{27}{30} \cdot \frac{26}{29} \cdot \frac{25}{28} \cdot \cdot \cdot \cdot \cdot \cdot \frac{15}{18} \cdot \frac{14}{19} \cdot \frac{13}{15}$; expression qui se réduit à $\frac{17}{32} \times 4 \times \frac{13}{31} \cdot \frac{14}{30} \cdot \frac{13}{29} = 0{,}21463$.

La probabilité de n'avoir point d'as est $\frac{28}{32} \cdot \frac{27}{31} \cdot \frac{26}{30} \cdot \frac{25}{29} \cdot \frac{24}{28} \cdot \cdot \cdot \cdot \cdot \cdot \frac{15}{19} \cdot \frac{14}{18} \cdot \frac{13}{17} \cdot \frac{12}{16}$, expression qui se réduit à $\frac{13}{32} \cdot \frac{14}{31} \cdot \frac{13}{30} \cdot \frac{12}{19} = 0{,}03796$.

COROLLAIRE.

Le nombre d'as que le dernier aura dans ses 15 cartes est une conséquence nécessaire du nombre d'as que le premier a dans ses 17 cartes, ainsi la probabilité pour le dernier d'avoir 4 as est la même que la probabilité pour le premier de n'avoir point d'as. Et la probabilité pour le dernier d'avoir 4 as, sera 0,03796,

D'en avoir 3, sera 0,21463,

D'en avoir 2, sera 0,39715,

D'en avoir 1 seul sera 0,28294,

De n'en point avoir, sera 0,06619.

PROBLÈME 7.

DES CARTES.

Des compositions des cartes du premier qui lui donnent exclusivement au dernier le gain des cartes.

Au tableau numéro 1er, dans les onze premières compositions de ses cartes, le premier se trouvant avoir les 8 cartes d'une couleur, gagnera les cartes. Au tableau numéro 2, le nombre de ces onze compositions des cartes du premier 5154556.

Au tableau numéro 1er dans les 12e et 13e compositions de ses cartes, le premier se trouve avoir 7 cartes en deux couleurs. Au tableau numéro 2, la somme des nombres qui correspondent à ces deux compositions des cartes du premier, est 215040. Or, si l'as se trouve dans les 7 cartes de l'une ou de l'autre de ces 2 couleurs, le premier gagnera les cartes. La probabilité que l'as se rencontre en 7 cartes d'une couleur, est $^1/_8$. La probabilité qu'en 7 cartes en deux couleurs, l'as ne se rencontrerait ni dans l'une ni dans l'autre serait $^1/_8 \times ^1/_8 = ^1/_{64}$; ainsi avec sept cartes en deux couleurs la probabilité d'avoir l'as soit dans l'une soit dans l'autre sera $1 - ^1/_{64} = ^{63}/_{64}$. Dans ces deux compositions de ces cartes, les chances du premier pour gagner les cartes sont $215040 \times ^{63}/_{64} = 211680$.

Au tableau numéro 1er, dans la 14e et les sept compositions suivantes de ses cartes, le premier a 7 cartes dans une couleur, au tableau numéro 2 la somme des nombres qui correspondent à ces huit compositions des cartes du premier, est 62318352. La probabilité d'avoir l'as en 7 cartes d'une couleur est $^7/_8$. Ainsi dans ces huit compositions de ses cartes, les chances du premier pour gagner les cartes, sont $62328352 \times {}^7/_8 = 54537900$.

Dans ces vingt-une compositions, le nombre des chances du premier, pour gagner les cartes exclusivement au dernier, est 59904136. Le nombre total des différentes compositions des cartes du premier et du dernier est, au tableau numéro 2, 558259268. Ce qui donne au premier, sur le dernier, un avantage pour gagner les cartes, qui a pour expression 59904136:551663597.

Dans les autres compositions des cartes du premier et du dernier, le premier a de plus l'avantage de jouer le premier et de continuer jusqu'à ce que le dernier ait pu prendre la main.

PROBLÈME 8.

CARTES BLANCHES.

Déterminer pour l'un et pour l'autre des joueurs la probabilité d'avoir cartes blanches.

On distribue à chacun des joueurs 12 cartes, il n'y a dans le jeu que 20 cartes blanches la probabilité pour l'un des joueurs d'avoir cartes blanches, a pour expression $^{20}/_{32} \times {}^{19}/_{31} \cdot {}^{18}/_{30} \ldots \ldots {}^9/_{21} = 0,0003$, et pour l'un ou pour l'autre $0,0003 \times 2$.

LEMME.

DE LA RENTRÉE.

Après que les cartes sont données, chaque joueur a 12 cartes en main et il reste en dehors de son jeu 20 cartes dont la répartition dans le jeu de son adversaire et les 8 cartes du talon lui est inconnue.

PROBLÈME 9.

Déterminer la probabilité d'avoir dans sa rentrée les cartes qu'on attend.

Pour le premier qui attend une carte, la probabilité qu'elle lui rentrera est $\frac{1}{20} \times \frac{5}{1} = \frac{1}{4}$

S'il attend 2 cartes, la probabilité qu'elles lui rentreront est $\frac{2}{20} \cdot \frac{1}{19} \cdot \frac{5}{1} \cdot \frac{4}{2} \cdot \frac{18}{18} \cdot \cdot \frac{16}{16} = \frac{1}{19}$, la probabilité qu'aucune des deux ne lui rentrera est $\frac{18}{20} \cdot \frac{17}{19} \cdot \frac{16}{18} \cdot \frac{15}{17} \cdot \frac{14}{16} = \frac{21}{38}$; la probabilité qu'il lui en rentrera une des deux est $\frac{17}{38}$.

S'il attend 3 cartes, la probabilité qu'elles lui rentreront est $\frac{3}{20} \cdot \frac{2}{19} \cdot \frac{1}{18} \times \frac{5}{1} \cdot \frac{4}{2} \cdot \frac{3}{3} \times \frac{17}{17} \cdot \frac{16}{16} = \frac{1}{114}$. La probabilité qu'aucune des 3 ne lui rentrera est $\frac{17}{20} \cdot \frac{16}{19} , \frac{15}{18} \cdot \frac{14}{17} \cdot \frac{13}{16} = \frac{91}{228}$; qu'une des 3 lui rentrera est $\frac{137}{228}$.

Pour le dernier qui attend 1 carte, la probabilité qu'elle lui rentrera est $\frac{5}{20}$.

S'il attend 2 cartes, la probabilité qu'elles lui rentreront, est $^3/_{190}$. La probabilité qu'aucune des deux ne lui rentrera est $^{68}/_{95}$; qu'une des deux lui rentrera, $^{27}/_{95}$.

S'il attend 3 cartes, la probabilité qu'elles lui rentreront est $^1/_{1140}$; la probabilité qu'aucune des 3 ne lui rentrera est $^{34}/_{57}$; qu'il lui en rentrera une , $^{23}/_{57}$.

PROBLÈME 10.

N'ayant point d'as dans les 12 cartes de son jeu, déterminer la probabilité d'avoir 1 as dans sa rentrée.

Pour le premier, la probabilité de n'avoir point d'as dans sa rentrée, serait $^{16}/_{20} \cdot {}^{15}/_{19} \cdot {}^{14}/_{18} \cdot {}^{13}/_{17} \cdot {}^{12}/_{16} = {}^{91}/_{323}$. La probabilité d'avoir au moins 1 as dans sa rentrée sera $1 - {}^{91}/_{323} = {}^{232}/_{323}$.

Pour le dernier la probabilité de n'avoir point d'as dans sa rentrée serait $^{16}/_{20} \cdot {}^{15}/_{19} \cdot {}^{14}/_{18} = {}^{28}/_{57}$. La probabilité d'avoir au moins 1 as dans sa rentrée, est $^{29}/_{57}$.

PROBLÈME 11.

Lorsqu'une couleur entière manque dans les 12 cartes d'un jeu, déterminer la probabilité d'avoir dans la rentrée des cartes de cette couleur.

Pour le premier, la probabilité de n'avoir dans la rentrée aucune carte de cette couleur, serait $^{12}/_{20} \cdot {}^{11}/_{19} \cdot {}^{10}/_{18} \cdot {}^{9}/_{17} \cdot {}^{8}/_{16} = {}^{33}/_{323}$. La probabilité d'avoir des cartes de cette couleur dans la rentrée, est $1 - {}^{33}/_{323} = {}^{290}/_{323}$.

Pour le dernier, la probabilité de n'avoir dans la rentrée aucune carte de cette couleur, serait $\frac{12}{20} \cdot \frac{11}{19} \cdot \frac{10}{18} = \frac{11}{57}$. La probabilité d'avoir des cartes de cette couleur dans la rentrée, est $1 - \frac{11}{57} = \frac{46}{57}$.

PROBLÈME 12.

N'ayant dans les 12 cartes de son jeu ni as ni roi, déterminer la probabilité d'avoir dans la rentrée as et roi.

Il y a seize combinaisons d'un as avec un roi. Or nous venons de voir (*Probl.* 9) que le premier attendant 2 cartes, la probabilité qu'elles lui rentreront toutes les deux, avait pour expression $\frac{1}{19}$; donc si le premier n'a ni as ni roi dans les 12 cartes de son jeu, la probabilité qu'il aura dans sa rentrée une de ces seize combinaisons d'un as avec un roi, est $\frac{1}{19} \times 16 = \frac{16}{19}$.

Le dernier attendant 2 cartes, la probabilité qu'elles lui rentreront a (*Probl.* 9) pour expression $\frac{3}{190}$; donc si le dernier n'a ni as ni roi dans les 12 cartes de son jeu, la probabilité qu'il aura dans la rentrée une de ces seize combinaisons d'un as avec un roi, est $\frac{3}{190} \times 16 = \frac{48}{190}$.

PROBLÈME 13.

Le premier attend 2 cartes dont l'une ou l'autre lui donne une même chance. Mais en écartant 5 cartes, il renonce à l'une de ces deux chances et ne prenant que

4 cartes il conserve l'une et l'autre chance. On demande ce qui lui est le plus avantageux ou de prendre 5 cartes au talon ou de laisser 1 carte.

Si le premier prend 5 cartes, la probabilité que la carte unique qu'il attend, lui rentrera a (*Probl.* 9) pour expression $1/_4$.

S'il laisse une carte, la probabilité que dans les 4 cartes de sa rentrée ni l'une ni l'autre des 2 cartes qu'il attend ne lui rentrera, serait $^{18}/_{20} \cdot {}^{17}/_{19} \cdot {}^{16}/_{18} \cdot {}^{15}/_{17} = {}^{12}/_{19}$. Ainsi la probabilité d'avoir l'une des deux cartes qu'il attend, sera $1 - {}^{12}/_{19} = {}^{7}/_{19}$. Or, on a $^{7}/_{19} > {}^{1}/_{4}$, donc il est plus avantageux de laisser une carte.

Si le dernier attend 2 cartes, si, en prenant 3 cartes, il ne lui reste plus qu'une carte à attendre, la probabilité qu'elle lui rentrera est (*Probl.* 9) $^{3}/_{20}$. S'il laisse une carte pour attendre 2 cartes, la probabilité de n'avoir aucune des deux dans sa rentrée sera $^{18}/_{20} \cdot {}^{17}/_{19} = {}^{153}/_{190}$. Ainsi la probabilité d'avoir l'une des 2 cartes qu'il attend sera $1 - {}^{153}/_{190} = {}^{37}/_{190}$. Or, on a $^{37}/_{190} > {}^{3}/_{20}$. Donc il est plus avantageux au dernier de laisser une carte.

PROBLÈME.

Renvoi de la page 41.

Il y a des jeux qui admettent autant de personnes que l'on veut, et dans lesquels la partie se joue en plusieurs points. Dans le cours d'une partie, après plusieurs coups joués et de points gagnés de part et d'autre, on demande de déterminer le rapport des probabilités en faveur de chacun des joueurs.

Soit trois le nombre des joueurs, A, B et C. Pour gagner la partie il ne reste plus à A que 4 points à faire, à B, 3 points à faire, à C, 2 points à faire. Dans cette position de la partie en sept coups, le gain en sera nécessairement décidé. Or tous les différents résultats de ces sept coups sont représentés par les termes de la septième puissance du trinome $(a+b+c)$. Mais comme il n'y a qu'un seul joueur qui puisse gagner la partie, on n'a point à tenir compte des résultats qui donneraient en même temps le gain de la partie à deux des joueurs. Ainsi dans le développement de la puissance on n'aura à tenir compte que des termes suivants :

Savoir : en faveur de A,

$$a^7+7a^6b+7a^6c+21a^5b^2+42a^5bc+105a^4b^2c.$$

En faveur de B.

$$b^7+7b^6a+7b^6c+21b^5a^2+42a^5bc+35b^4a^3+105b^4a^2c+140b^3a^5c.$$

En faveur de C,

$$c^7+7c^6a+7c^6b+21c^5a^2+21c^5b^2+42c^5bc+35c^4a^3+105c^4a^2b+105c^4ab^2+140c^3a^5b+210c^3a^2b^2+210c^2a^5b^2.$$

Nous supposerons ici, pour plus de simplicité, que dans un coup les chances des joueurs sont égales. Ce qui réduit la valeur du terme à son coëfficient. La somme des coëfficients des termes qui décident la partie en faveur de A, est 183, en faveur de B, est 358, en faveur de C, est 904.

Les probabilités pour A, pour B et pour C sont donc dans le rapport de 183:358:904.

* * *

ERRATA.

Page 6, ligne 17, $m = -1$, lisez $m - 1$.

— 9, — 16 et 17, $\times$, lisez $+$.

— 16, — 10, 1.1.1.1.2.2, lisez 1.1.1.1.2.3.

— 20, — 8, $45a^3b^8$, lisez $45a^2b^8$.

— 28, — 16, $^n/_1$, lisez $^1/_n$.

— 33, — 19, *résolution*, lisez *solution*.

— 35, — 1re, 104, lisez 10.

— id. — 15, *que la perte de 5 écus pour Pierre*, lisez *que le gain de 5 écus.*

— 38, — 26, $21a^4b^2$, lisez $21a^5b^2$.

— 41, — 5, *renvoi à la page 140.*

— 40, — 21, $5ab^4b^5 + 07$, lisez $5ab^4 + b^5$.

— 42, — 24, $102b^5$, lisez $10a^2b^5$.

— 55, — 9, $^{12}/_{64}$, lisez $^{21}/_{64}$.

— 62, — 1re, $^5/_{128}$, lisez $^{54}/_{128}$.

— 64, — 4, $20f^3h^5$, lisez $20f^3h^3f$.

— 75, — 15, *nous avons appelé*, lisez *nous appelerons.*

Page 83, ligne	7,		*des*, lisez *les*.
— 84,	—	13,	2 *et* 1, lisez (1 *et* 2) (2 *et* 1).
— 88,	—	22,	$\frac{24}{3}\ \frac{23}{3}$, lisez $\frac{24}{2}\ \frac{23}{1}$.
— 89,	—	18,	$\frac{1}{46}$, lisez $\frac{1}{48}$.
— 92,	—	15,	$\frac{23}{1} \times \frac{22}{2}$, lisez $\frac{25}{1} \times \frac{24}{2}$.
— id.	—	21,	4, lisez 3.
— 94,	—	15,	$\frac{25}{58}$, lisez $\frac{25}{50}$.
— 95,	—	2,	$\frac{45}{50} \times \frac{44}{49} \times \frac{45}{48}$, lisez $\frac{23}{50} \times \frac{24}{49} \times \frac{23}{48} \times \frac{23}{48}$.
— id.	—	16,	$\frac{23}{49}$, lisez $\frac{47}{49}$.
— id.	—	18,	$\frac{47}{49}$, lisez $\frac{23}{49}$.
— 96,	—	2,	$\frac{1}{50}$, lisez $\frac{1}{49}$.
— 97,	—	6,	$\frac{26}{51} \cdot \frac{25}{50} \cdot \frac{24}{49} \cdot \frac{23}{48}$, lisez $\frac{23}{51} \cdot \frac{24}{50} \cdot \frac{23}{49} \cdot \frac{22}{48}$.
— 113,	—	3,	$\frac{3}{7}$, lisez $\frac{2}{7}$.
— 122,	—	11,	$\frac{3}{5}$, lisez 5.
— id.	—	13,	3, lisez $\frac{3}{6}$.
— 124,	—	24,	$\frac{625}{584}$, lisez $\frac{625}{784}$.
— 128,	—	17,	$\frac{50}{80}$, lisez $\frac{50}{56}$.

Imp.-Typ. de C.-H. LAMBERT. rue de Londres 7.